高等职业教育专科、本科计算机类专业新型一体化教材

创新型人才培养系列教材·工作手册式

工作手册式CMS建站项目实践

林龙健　乔俊峰　主　编

汪海涛　李观金　凡飞飞　副主编

電子工業出版社

Publishing House of Electronics Industry

北京•BEIJING

内 容 简 介

本书是企业网站开发相关课程的实践教材，以一套完整的企业网站项目为载体，以建站利器——CMS（内容管理系统）的应用为主线，一步步介绍企业网站设计与开发的过程。本书按照企业网站设计与开发的实际工作过程，将企业网站项目分解为分析企业网站需求、设计企业网站前台版面、制作企业网站前台 Web 页面、搭建企业网站开发环境、安装 CMS、创建企业网站功能栏目、创建企业网站模板风格、制作企业网站模板、分配企业网站管理权限、测试及发布企业网站、验收企业网站、维护企业网站 12 个任务，每个任务均融入真实的工作情境，对接真实的工作内容，同时在任务实施前阐述任务的知识目标和技能目标，以概括完成每个任务读者所需学习的知识和技能。

本书采用工作手册式编写思路，能够帮助学生在学习过程中快速进入角色，明确职业特点和岗位职责。为将在企业实践和职业岗位打好基础。

本书配有电子资源包，包括教学课件、项目任务书、项目素材、项目演示视频、任务实施视频等。本书可作为高职高专、高职本科、应用型本科院校相关专业的教材，也可作为相关培训教材，还可作为网页设计师、网站程序员、网站开发爱好者的参考书。

图书在版编目（CIP）数据

工作手册式 CMS 建站项目实践 / 林龙健，乔俊峰主编. —北京：电子工业出版社，2021.3

ISBN 978-7-121-40741-3

Ⅰ. ①工… Ⅱ. ①林… ②乔… Ⅲ. ①企业－网站建设－高等学校－教材 Ⅳ. ①TP393.180.921

中国版本图书馆 CIP 数据核字（2021）第 042350 号

责任编辑：李　静　　特约编辑：田学清
印　　刷：保定市中画美凯印刷有限公司
装　　订：保定市中画美凯印刷有限公司
出版发行：电子工业出版社
　　　　　北京市海淀区万寿路 173 信箱　　邮编：100036
开　　本：787×1092　1/16　印张：16.25　字数：460 千字
版　　次：2021 年 3 月第 1 版
印　　次：2021 年 3 月第 1 次印刷
定　　价：49.80 元

凡所购买电子工业出版社图书有缺损问题，请向购买书店调换。若书店售缺，请与本社发行部联系，联系及邮购电话：（010）88254888，88258888。

质量投诉请发邮件至 zlts@phei.com.cn，盗版侵权举报请发邮件至 dbqq@phei.com.cn。

本书咨询联系方式：（010）88254604，lijing@phei.com.cn。

前　言

“互联网+”的高速发展促进了各行各业对网站的需求，IT 行业也进入了快速发展期，网站设计与开发相关岗位的人才更是供不应求。目前，CMS（内容管理系统）已被广泛应用于具有网站设计与开发业务的 IT 公司，因为采用 CMS 开发网站，能够极大地提高开发效率，降低企业开发成本，因此，CMS 的应用也就成了网站设计与开发相关从业人员必备的核心技能。

CMS 被称为建站利器，功能十分强大，具有安全性好、通用性强、易学易用等特点，能够满足大部分企业网站的功能需求。与原生开发模式相比，使用 CMS 开发企业网站不需要开发网站后端（后台），只需制作出前端 Web 页面模板即可，开发效率高且难度大幅降低。所以，读者即使只具备一定的网站前端知识与技能，也能轻松制作出企业网站。

在充分调研的基础上，本书以一套完整的企业网站项目为载体，以 CMS 的应用为主线，按照行业工作过程和实际工作情境组织编写。虽然本书所用的企业网站项目案例不多，但“五脏俱全”，充分突出了 CMS 在企业网站开发过程中的经典应用，重点培养读者设计与开发整个网站的能力。

本书能够很好地支持教学单位开展“三教改革”（教师改革，本书按照企业网站设计与开发的实际工作过程进行编写，可方便组建结构化教师教学团队；教材改革，本书以完整的企业网站项目设计与开发为教学内容；教法改革，本书能较好地支持开展项目教学、任务驱动教学等多元化的教学方法改革），同时，本书还具有以下特色。

【工作手册式】

本书采用工作手册式编写思路，使学生尽快进入企业岗位角色，明确岗位职责和岗位特征，强化主体责任意识，为企业实践和未来工作打好基础。

【项目引领 任务驱动】

本书以一套完整的企业网站项目为载体，并按照企业网站设计与开发的实际工作过程和工作情境来设计工作任务，让读者在完成任务的过程中学习基于 CMS 的建站知识与技能，体现了职业教育中“做中学、学中做”的教育理念。

【工作过程与教学目标融合】

本书完全按照企业网站设计与开发的实际工作过程来编排，在每个任务中强调知识目标和技能目标，并采用图文并茂的形式介绍任务实施过程，同时在每个任务实施前，引入完成该任务所需掌握的知识和技能，体现了职业教育中“实用、够用”的原则。

【融入 1+X 证书内容】

本书融入Web 前端开发职业技能等级标准，对接“静态网页开发”和“静态网页美化”两个工作任务的内容。

【融入教学方法和编者经验】

本书在编写上融入教学方法，教师可以轻松地开展项目教学法、任务驱动教学法、小组教学法、角色扮演法等，在每个任务实施后，分享编者经验，让读者进一步了解在设计与开发企业网站的过程中需要注意的细节及技巧。

【综合实用性强】

本书与其他同类书籍相比，综合应用的范围更广，不仅体现了网站版面设计、Web 页面制作、CMS 应用，还融入了软件工程文档写作、软件测试等知识。项目实现的过程也体现了行业的工作过程，实用性非常强。

本书由广东科贸职业学院林龙健、乔俊峰、汪海涛、李观金、凡飞飞五位老师共同编写。由于时间仓促，编者水平有限，书中难免存在不足之处，敬请广大读者批评与指正。

编　者

2020 年 12 月

PPT、软件、源代码下载地址

【本书思维导图】

知识技能图
分析企业网站需求
企业网站分类
企业网站需求分析
用户调查
市场调研
网站功能说明书
设计企业网站前台版面
网站版面设计流程
网站版面设计原则
网站版面布局及其绘制工具
制作企业网站前台Web页面
网站版面"切图"含义
网站版面"切图"流程
网站版面"切图"核心知识
网站版面版位的CSS盒子模型分析方法
搭建企业网站开发环境
PHP运行环境
PHP代码编辑工具
PHP集成开发环境
PHP程序运行原理
安装CMS
什么是CMS
为什么用CMS
常见的CMS
如保选择CMS
PHPCMS的下载及安装
PHPCMS系统功能结构
PHPCMS源代码目录结构
站点创建
创建企业网站功能栏目
模型的含义
PHPCMS V9 内置模型
PHPCMS V9 模型管理与使用方法
模型字段设置方法
万能字段使用方法
创建企业网站模板风格
模板的含义
模板风格目录结构
创建网站模板风格的方法
制作企业网站模板
PHPCMS模板语法规则
万能标签get的应用
PC标签的应用
模板制作的常用标签
碎片的含义及应用
表单向导的应用
分配企业网站管理权限
PHPCMS权限管理机制
PHPCMS用户角色管理相关操作
管理员管理相关操作
测试及发布企业网站
网站测试的内容
域名
虚拟主机
网站备案方式、注意事项及相关材料
ICP报备流程
网站发布
验收企业网站
网站验收流程
网站验收报告
维护企业网站
网站维护的定义
网站维护的内容
网站维护的方式
网站维护报告
网站维护协议

目　录

【项目导入】

花公子蜂业科技有限公司成立于 2011 年，公司注册资金 50 万元，现已发展成为集科研、生产、经营于一体的蜂产品高新技术企业，公司拥有百花蜜、野蜂蜜、蜂花粉、蜂王浆、蜂胶等系列 30 多个品种的主营产品。其销售网络遍布全国各地，每年向上百万的消费者提供优质的蜂蜜。

为了加强公司产品的宣传力度，经公司管理者讨论研究，决定投入资金建设一个专门用于产品宣传的公司门户网站。假如你是某家网络公司网站项目部的项目经理，承接了花公子蜂业科技有限公司门户网站的建设项目，接下来将组织本公司的网页设计师、网站程序员等相关人员，按照网站开发的实际工作流程来设计和开发该项目。该门户网站开发的工作过程和参与人员如图 0-1 所示。

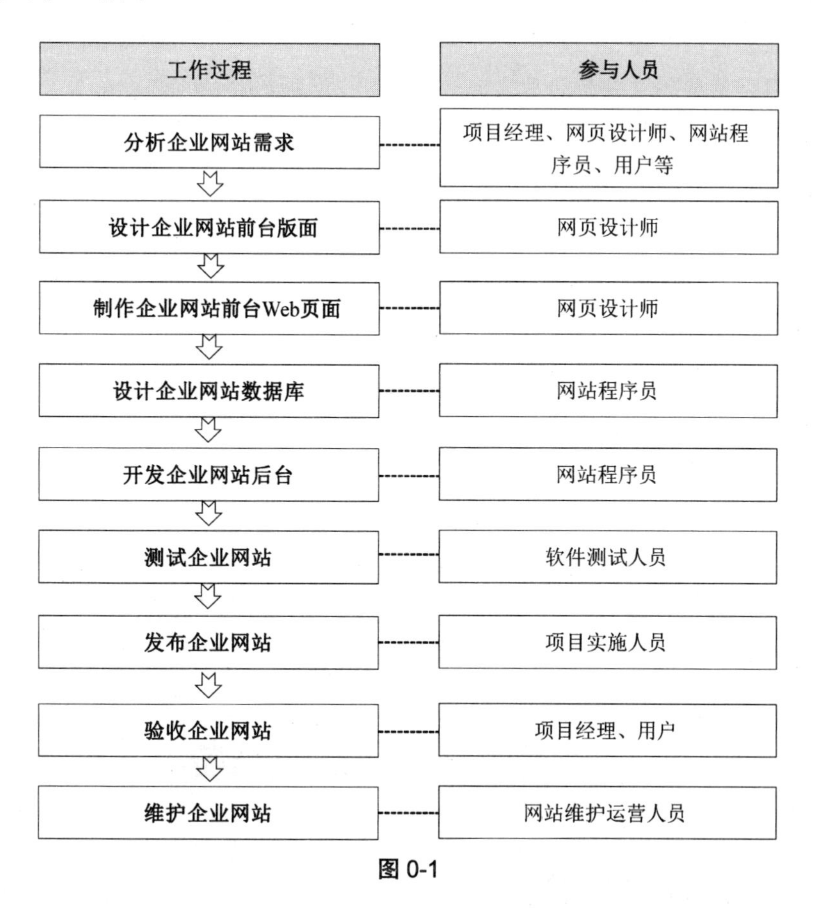

图 0-1

【项目效果抢先看】

网站前台效果演示

网站后台效果演示

任务 1　分析企业网站需求

知识目标

- 了解企业网站的分类。
- 了解企业网站的需求分析过程。
- 熟悉用户调查和市场调研的内容要点。
- 掌握网站功能说明书的撰写方法。

技能目标

- 能够根据企业网站项目开发需求开展用户调查工作。
- 能够根据企业网站项目开发需求开展市场调研工作。
- 能够分析企业网站的功能需求，并正确撰写网站功能说明书。
- 培养良好的沟通能力和网站项目文档写作能力。

任务描述

- 任务内容：根据企业网站项目开发需求，快速、高效地开展需求分析相关工作，并撰写相关项目文档（主要包括用户调查报告、市场调研报告和网站功能说明书）。
- 参与人员：项目经理（需求分析人员）、网页设计师、网站程序员、用户等。

1.1　知识准备

1.1.1　企业网站的分类

在网站建设行业中，企业网站通常被划分为以下 3 种类型。

（1）普通型。该类型的网站以展示企业新闻资讯为主，以此来增加企业品牌曝光的线上渠道，在设计开发的过程中注重 SEO（搜索引擎优化）知识的融合。

（2）宣传型。该类型的网站以展示企业产品为主，在产品展示的方式上，通常会引入图片特效，既方便访问者浏览产品详情，又可以增强访问者的购买意愿。当然，该类型的网站也可引入新闻资讯等栏目以增强网站的 SEO 功能。

（3）营销型。该类型的网站将重心放在产品的网络营销上，全方位围绕“营销”精心设计开发。首先，在功能方面，网站具有完善的产品管理、订单管理、支付管理、数据统计分析等模块，能够很好地支持网络交易活动；其次，在版面设计方面紧跟当前流行风格，版面具有简约大气、扁平化等特点；最后，在 Web 页面代码方面，完全融合 SEO 理念进行编写。

1.1.2 企业网站需求分析

需求分析是企业网站项目开发早期的一个重要阶段，它是网站项目开发成败的关键步骤，是整个项目开发的基础。如何更好地了解、分析、明确用户需求，并且能够准确、清晰地以文档的形式表达给参与项目开发的每个成员，保证开发过程按照以满足用户需求为目的的方向顺利进行，是每个网站项目管理者需要面对的问题。

1. 需求分析参与者

在需求分析的过程中，设计者需要与用户进行沟通，正确引导用户将自己的实际需求用较适当的技术语言表达出来（或者由相关技术人员帮助表达），同时为了保证项目开发的正常开展，项目经理（需求分析人员）、网页设计师（美工）、网站程序员等相关人员应参与到需求分析过程中。

2. 需求调查文档记录体系

为了使需求分析结果更加明确，通常的做法是设计者按照一定规范编写需求分析的相关文档，这也为以后的网站开发做了文本形式的备忘，也是企业网站项目开发方与用户方共同的约定文档。

网站功能说明书是需求分析阶段的结果性文档，也是企业网站项目参与人员的重要参考文档，为了使网站功能说明书更加具体、明确，在撰写网站功能说明书之前，通常还需要撰写用户调查报告和市场调研报告。

1.1.3 用户调查

在需求分析的过程中，往往有很多不明确的用户需求，这个时候项目负责人就需要调查用户的实际情况，明确用户需求。一个比较理想的用户调查活动需要用户的充分配合，而且还有可能需要对调查对象进行必要的培训。所以调查计划需要项目负责人和用户的共同认可，常用的调查形式有发需求调查表、开需求调查座谈会或现场调研，调查的内容主要有以下几项。

（1）企业网站的功能需求。

（2）企业网站的性能需求。

（3）企业网站的维护要求。

（4）企业网站的运行环境。

（5）企业网站的风格及配色方案。

（6）企业网站的主页面和次页面数量。

（7）企业网站的语言版本。

（8）内容管理及录入任务的分配。

（9）网页特效及其数量。

（10）项目完成时间及进度安排。

（11）企业网站项目完成后的维护相关事项。

用户调查活动结束后，需求分析人员需编写用户调查报告，并经企业网站项目相关人员讨论和确认。

1.1.4　市场调研

通过市场调研活动可以清晰地分析相似网站的性能和运行情况，为设计企业网站的结构和风格提供参考，同时可以达到明确及引导用户需求的目的，但是由于各种项目的实际需求因素，市场调研覆盖的范围有一定的局限性。市场调研活动结束后，需求分析人员应撰写市场调研报告，该报告主要包括以下几项。

（1）调研概要说明：调研计划、网站项目名称、调研单位、参与调研对象、调研起止时间。

（2）调研内容说明：调研的同类网站名称、网址、设计公司、开发背景、面向的访问群体、网站的功能描述等。

（3）可借鉴参考的调研网站的功能设计：功能描述、用户界面、性能需求、可借鉴的原因。

（4）同类网站分析：主要分析同类网站的弱点和缺陷。

（5）调研资料汇编：将调研得到的资料进行分类汇总。

1.1.5　网站功能说明书

网站需求分析阶段的成果是需求分析报告，又被称为网站功能说明书。通过进行详细的用户调查和市场调研活动，根据用户调查报告和市场调研报告，项目负责人应该对整个需求分析活动进行认真总结，将分析前期不明确的需求逐一明确化、清晰化，并形成一份详细、清晰的说明文档——网站功能说明书，该说明书将作为企业网站项目开发过程中的重要依据。网站功能说明书通常应包含以下内容。

（1）网站功能。

（2）网站用户界面原型。

（3）网站运行的软、硬件环境。

（4）网站系统性能定义。

（5）网站系统的软、硬件接口。

（6）网站维护的要求。

（7）网站系统空间租赁要求。

（8）网站页面总体风格及美工效果。

（9）主页面及次页面大概数量。

（10）内容管理及录入任务的分配。
（11）各种页面特效及其数量。
（12）项目完成时间及进度安排。
（13）项目完成后的维护相关事项。

1.2 任务实施

1.2.1 用户调查

通过与花公子蜂业科技有限公司相关人员沟通，该项目采用“需求调查座谈会+需求调查表”方式进行用户调查，在开展座谈会之前，需认真制作如表 1-1 所示的计划表。

表 1-1

项　　目	内　　容
时间	×年×月×日 上午 9:00—11:30
地点	花公子蜂业科技有限公司会议室
参与人员	花公子蜂业科技有限公司相关人员、项目开发方相关人员
调查内容	1．企业网站的功能需求； 2．企业网站的性能需求，如访问速度、可靠性等； 3．企业网站的维护要求； 4．企业网站的运行环境； 5．企业网站的开发插件、系统等； 6．企业网站的风格及配色要求； 7．企业网站的主页面和次页面数量； 8．企业网站的语言版本； 9．内容管理及录入任务的分配； 10．网页特效及其数量； 11．项目完成时间及进度安排； 12．企业网站项目完成后的维护相关事项； 13．花公子蜂业科技有限公司相关人员提出的其他问题
其他说明	无

×年×月×日上午，按照计划表，双方顺利开展了座谈会，并对调查内容进行了讨论，花公子蜂业科技有限公司网站项目用户调查报告如表 1-2 所示。

表 1-2

调　查　项	调查结果描述
网站类型	宣传型，主要用于宣传公司的产品
功能需求	1．首页：①页头输出公司的 Logo 及服务热线；②1 张 banner（广告横幅）；③输出关于花公子蜂业科技有限公司的内容（即公司简介）；

续表

调　查　项	调查结果描述
功能需求	④输出新闻动态的文章列表，文章条数根据版面实际情况确定；⑤输出相关联系信息（包括 400 电话、微信、访客留言、QQ 在线客服）；⑥输出最新的蜂蜜产品，产品数量根据版面实际情况确定；⑦输出友情链接；⑧输出联系信息、备案信息及微信公众号二维码图片。 2. 关于花公子：网站前台具有输出关于花公子栏目文章内容的功能，后台可管理该栏目的文章。 3. 新闻动态：网站前台分为新闻动态栏目列表页和新闻动态内容页，网站后台可管理新闻动态文章且需具有文章分类管理功能（一级分类）。 4. 产品中心：网站前台分为产品中心栏目列表页和产品中心内容页，网站后台可管理产品信息且需具有产品分类管理功能（一级分类）。 5. 给我留言：网站前台具有留言功能，网站后台具有查看和删除留言的功能。 6. 联系我们：网站前台输出联系我们栏目内容，后台具有修改联系我们栏目内容的功能
性能需求	在正常运行情况下，打开网站首页的时间控制在 5s 以内
维护要求	由项目开发方提供网站维护服务
运行环境	Linux、Apache、PHP、MySQL
网站开发采用的系统	网站的后台采用内容管理系统（PHPCMS）进行开发
风格及配色要求	简约清新风格，以绿色作为主色调
主页面、次页面数量	主页面 1 个，次页面 7 个
网站语言版本	简体中文版
内容管理及录入任务	花公子蜂业科技有限公司负责提供网站的内容，项目开发方负责录入及管理
网页特效及其数量	1 个，在 banner 上加入透明 Flash（动画）
项目完成时间及进度安排	以合同约定为准
网站项目完成后的维护相关事项	由项目开发方全程维护，维护的费用按合同约定支付
网站域名、虚拟主机、网站备案等事项	发布网站所需的虚拟主机、网站域名及网站备案工作，由项目开发方负责完成，但网站域名的拥有者为花公子蜂业科技有限公司，所需相关信息由花公子蜂业科技有限公司提供

1.2.2　市场调研

为了更好、更快地为项目的需求分析过程提供数据，项目开发方指派专人开展市场调研工作，并形成市场调研报告概要。

“花公子蜂业科技有限公司”门户网站项目

市场调研报告概要

一、调研目的

了解当前市场中与蜂蜜产品相关的情况，为设计开发花公子蜂业科技有限公司门户网站项目提供数据支持。

二、调研人员

网站项目开发方人员：×××、×××。

三、调研计划

1．调研时间：×年×月×日—×年×月×日。

2．调研方式：网络调研。

3．调研内容：调研同类网站的网站界面结构及风格、功能描述、性能需求等。

四、调研数据情况

表1所示为市场调研数据情况表。

表1

网站名称	网址	设计公司	用户界面	功能描述	性能需求	参考价值

五、调研结果

通过调研多个同类的网站，×××等网站的界面结构及风格具有参考价值，×××等网站的功能结构具有参考价值。在所调研的网站中，平均打开网站首页的用时为6s（该数据仅供参考，因为页面打开的速度与当前网速、首页大小、虚拟主机等因素有关）。表2所示为可供参考的同类网站数据。

表2

网站名称	网址	用户界面	功能描述	性能需求

1.2.3 网站功能分析

为了进一步明确该网站项目的功能需求，本项目的参与人员需要梳理、归纳用户调查和市场调研结果，撰写该网站的功能说明书，并通过双方签字确认后生效，该说明书将作为网站开发及网站项目验收的重要依据。

“花公子蜂业科技有限公司”门户网站功能说明书

一、网站名称

本网站的名称为花公子蜂蜜。

二、网站语言版本

本网站的语言版本是简体中文版。

三、网站功能

1．首页：网站Logo、服务热线、导航、banner（横幅广告，具有透明Flash特效）、关于花公子栏目（图片+文字简介型）、新闻动态栏目（文章标题列表）、联系信息（包括400电话、微信、访客留言、QQ在线客服）、最新蜂蜜（图片型）、友情链接、页脚信息（公司地址、版权说明、联系电话、电子邮箱、备案号）、微信公众号二维码图片。

2．关于花公子页：网站Logo、服务热线、导航、banner（横幅广告，具有透明Flash特效）、关于花公子文章标题列表、联系我们信息栏目（地址、服务热线、网址、电子邮箱、QQ、微信）、页内导航（当前位置）、关于花公子文章内容、友情链接、页脚信息（公司地址、版权说明、联系电话、电子邮箱、备案号）、微信公众号二维码图片。

3．新闻动态栏目列表页：网站Logo、服务热线、导航、banner（横幅广告，具有透明Flash特效）、新闻类别栏目、联系我们信息栏目（地址、服务热线、网址、电子邮箱、QQ、微信）、页内导航（当前位置）、新闻动态文章标题列表、分页导航、友情链接、页脚信息（公司地址、版权说明、联系电话、电子邮箱、备案号）、微信公众号二维码图片。

4．新闻动态内容页：网站Logo、服务热线、导航、banner（横幅广告，具有透明Flash特效）、新闻类别栏目、联系我们信息栏目（地址、服务热线、网址、电子邮箱、QQ、微信）、页内导航（当前位置）、新闻动态文章内容、友情链接、页脚信息（公司地址、版权说明、联系电话、电子邮箱、备案号）、微信公众号二维码图片。

5．产品中心栏目列表页：网站Logo、服务热线、导航、banner（横幅广告，具有透明Flash特效）、产品类别栏目、联系我们信息栏目（地址、服务热线、网址、电子邮箱、QQ、微信）、页内导航（当前位置）、产品列表（缩略图+标题型）、分页导航、友情链接、页脚信息（公司地址、版权说明、联系电话、电子邮箱、备案号）、微信公众号二维码图片。

6．产品中心内容页：网站Logo、服务热线、导航、banner（横幅广告，具有透明Flash特效）、产品类别栏目、联系我们信息栏目（地址、服务热线、网址、电子邮箱、QQ、微信）、页内导航（当前位置）、产品信息（缩略图、产品名称、产品类别、产品编号、产品价格、产品详情）、友情链接、页脚信息（公司地址、版权说明、联系电话、电子邮箱、备案号）、微信公众号二维码图片。

7．给我留言页：网站Logo、服务热线、导航、banner（横幅广告，具有透明Flash特效）、产品类别栏目、联系我们信息栏目（地址、服务热线、网址、电子邮箱、QQ、微信）、页内导航（当前位置）、留言信息项（标题、称呼、手机号码、QQ、电子邮箱、留言内容、在线留言图片和“提交”按钮）、友情链接、页脚信息（公司地址、版权说明、联系电话、电子邮箱、备案号）、微信公众号二维码图片。

8．联系我们页：网站Logo、服务热线、导航、banner（横幅广告，具有透明Flash特效）、关于花公子文章标题列表、产品类别栏目、页内导航（当前位置）、联系我们banner、联系我们内容（主办单位、地址、服务热线、网址、电子邮箱、QQ、微信）、友情链接、页脚信息（公司地址、版权说明、联系电话、电子邮箱、备案号）、微信公众号二维码图片。

四、网站界面原型

根据网站的功能结构，结合市场调研结果，采用相关工具设计该网站项目的界面，其原型如下所示。

1．首页界面原型

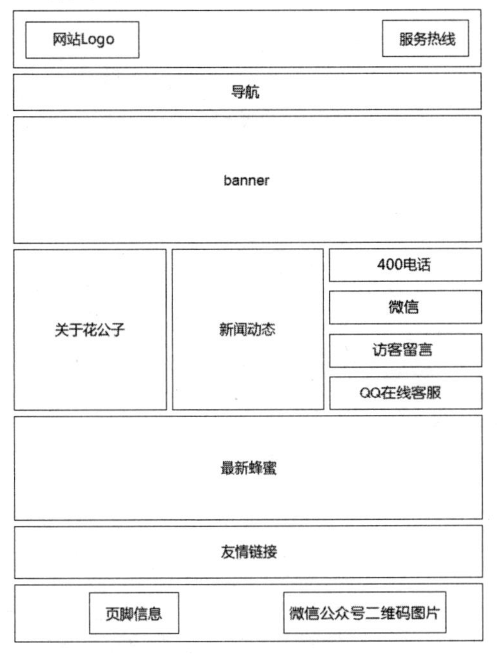

2．关于花公子页界面原型

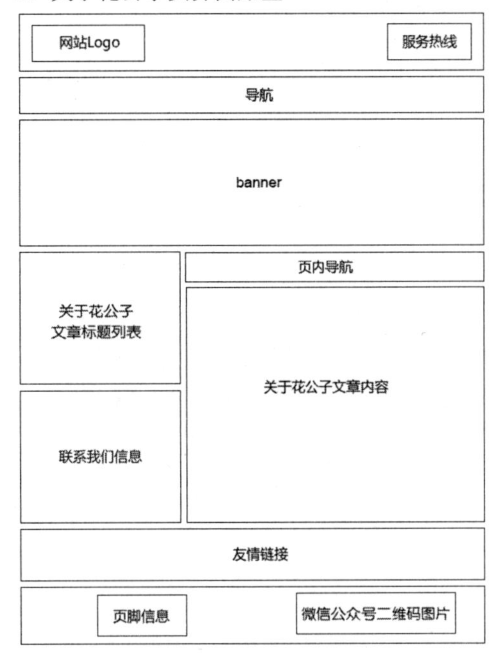

3．新闻动态栏目列表页界面原型

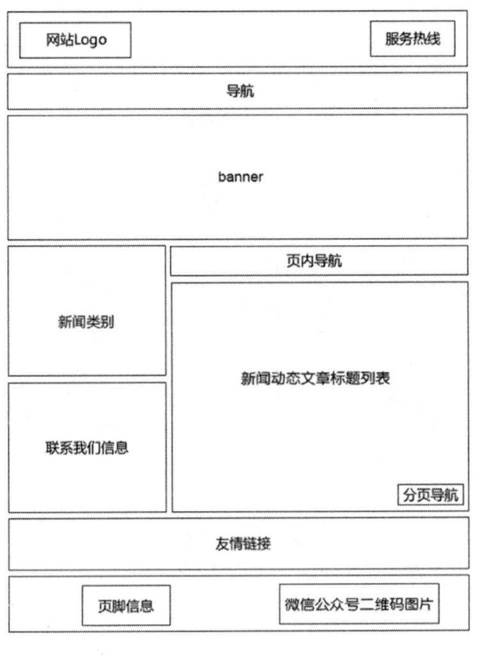

4．新闻动态内容页界面原型

网站Logo
服务热线
导航
banner
新闻类别
页内导航
新闻动态文章内容
联系我们信息
友情链接
页脚信息
微信公众号二维码图片

5．产品中心栏目列表页界面原型

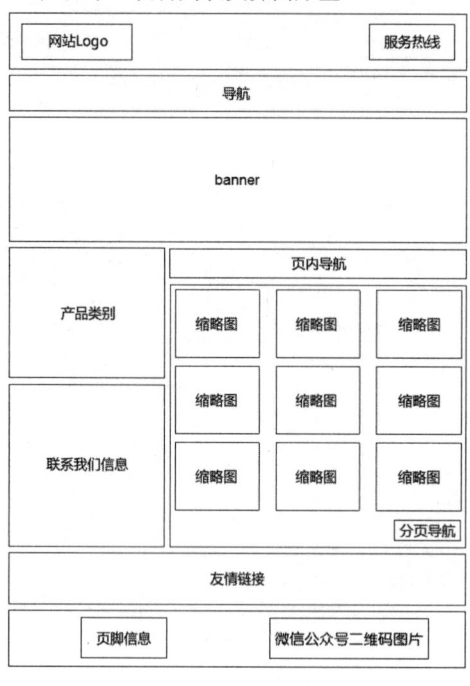

6．产品中心内容页界面原型

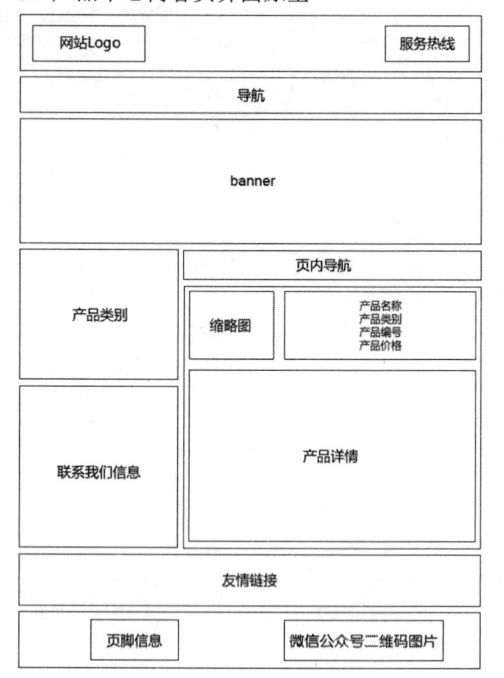

7．给我留言页界面原型

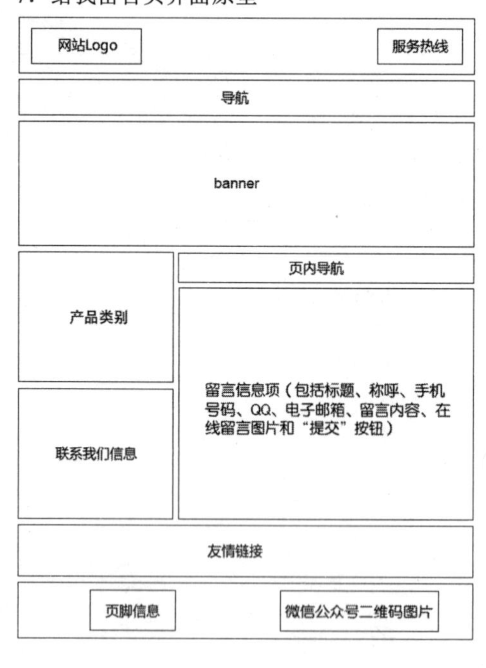

8．联系我们页界面原型

网站Logo
服务热线
导航
banner
页内导航
联系我们banner
关于花公子
联系我们内容
产品类别
友情链接
页脚信息
微信公众号二维码图片

五、网站运行软、硬件环境

网站采用内容管理系统（PHPCMS）进行开发，开发完成后能够在Apache、PHP、MySQL环境的服务器或虚拟主机上运行，并且能够兼容当前主流浏览器。

六、网站系统性能定义

网站上线后，要求网站能够在主流的浏览器中正常工作，操作方便，访问速度快（首页需在5s内完全打开），同时，网站需具有良好的安全性，具有基本的防SQL注入功能。

七、网站维护的要求

网站上线并交付用户后，项目开发方提供首年免费维护服务，次年起花公子蜂业科技有限公司需按照网站维护合同约定金额支付网站维护费用。如果在使用过程中，花公子蜂业科技有限公司提出修改、优化或新增网站功能等触动网站程序的服务需求，双方需另行协商，签订新的合同。

八、网站发布相关要求

发布网站所需的虚拟主机、网站域名及网站备案工作，由项目开发方负责完成，花公子蜂业科技有限公司根据需要向项目开发方提供必要资料，但网站域名的拥有者为花公子蜂业科技有限公司。虚拟主机大小约定为不小于300MB，并发连接数不小于200，网站域名为“.com”后缀域名。

九、网站的总体风格及美工要求

网站的总体风格要求简约清新，网站的主色调为绿色，界面细节要处理到位。

十、网站前台页面的数量

网站前台页面共8个，具体为：首页、关于花公子页、新闻动态栏目列表页、新闻动态内容页、产品中心栏目列表页、产品中心内容页、给我留言页、联系我们页。

十一、网站后台功能模块

采用内容管理系统（PHPCMS）对网站的内容进行管理。

十二、各种页面特效

1．鼠标指针移至导航项上时更换该选项的背景颜色。

2．在网站的banner上嵌入透明Flash效果。

十三、项目完成时间及进度安排

该项以合同约定的时间为准。

十四、网站维护

网站交付并上线后，项目开发方提供首年免费维护服务，具体的维护内容按合同约定执行。

说明：项目开发方和用户方代表签字后，本文档将作为网站开发合同的附件，并起法律效力，未解决事项，双方协商解决。

项目开发方代表签字：　　　　用户方代表签字：

年　月　日　　　　年　月　日

1.3　经验分享

（1）在网站需求分析阶段，最直接、最有效的方式是“需求调查座谈会+需求调查表”，当然，不同的开发公司，其需求调查表的格式也会不一样，但最终的目的都是一样的，就是高效、准确地分析清楚企业网站项目的需求。

（2）在进行用户调查时，项目开发方可借助原型设计工具辅助用户的需求描述，另外，在撰写网站功能说明书时，可通过该工具快速勾画出网站的界面原型结构。

（3）项目开发方和用户方确认网站功能说明书后，网页设计师可进一步搜集素材设计网站界面。

1.4　技能训练

【项目描述】

智网电子贸易有限公司是一家专注于 U 盘销售与维修的企业，该公司成立于 2020 年 1 月，由 5 名在校大学生共同集资创立。公司秉承“诚信为本、质量为先、服务第一、顾客为上”的经营理念，坚持“低价不低质”的原则为广大用户提供优质的产品和服务。该公司销售的 U 盘品牌有金士顿、闪迪、台电、三星、联想、威刚、惠普等近 20 个（其中金士顿、闪迪、台电、三星 4 个品牌为公司的主打品牌），U 盘容量的大小从 8GB 至 256GB 不等。该公司具有专业的维修人员和先进的 U 盘检测与维修设备，可以为广大用户提供检测维修服务。另外，公司还可以根据用户的需求提供激光刻字、激光刻图标、激光刻图案等服务。

为了加强公司产品的宣传力度，该公司决定建设公司的门户网站，以方便访问者了解公司的基本情况、业务范围和相关的项目服务。另外，出于网站 SEO 考虑，计划在网站上开辟一个专门用于发布与 U 盘相关的技术文章的栏目。

【训练要求】

（1）根据项目描述进行用户调查和市场调研活动，并撰写用户调查报告和市场调研报告。

（2）根据用户调查报告和市场调研报告，撰写网站功能说明书。

任务 2　设计企业网站前台版面

知识目标

- 熟悉网站版面设计流程。
- 了解网站版面设计原则。
- 了解网站版面布局相关概念和绘制布局图的相关工具。

技能目标

- 能够根据网站的需求绘制网站版面布局图。
- 能够根据网站版面布局图，结合网站主题搜集相关素材，设计出网站的整套版面。
- 培养审美能力和鉴赏能力。
- 培养细心严谨的工作态度。

任务概述

- 任务内容：根据网站需求分析结果，利用相关知识和相关工具设计出花公子蜂业科技有限公司门户网站的整套版面。
- 参与人员：网页设计师（美工）。

2.1　知识准备

2.1.1　网站版面设计流程

在网站建设行业中，对于一个网站项目，网页设计师首先需要根据用户需求设计出网站版面，然后与用户沟通并得到用户确认后，进入版面“切图”环节。因此，网站版面的质量，直接关系到网站项目的设计开发效率和效果。通常按照如下步骤设计网站版面。

步骤 1：构思。

网站版面的构思是在充分了解用户的需求、网站的定位、受众对象等基础上进行的，如果这些问题没弄清楚，则不要着急设计，因为在不了解用户需求的情况下，盲目地将页面设计达到某种效果是很难的，也很容易被用户推翻。当真正了解用户需求后，尽可能发挥想象力，将想到的“构思”画出来，这属于一个构思的过程，不讲究细腻工整，也不必考虑细节部分，只要用几条线勾画出轮廓即可。

步骤 2：粗略布局。

粗略布局阶段的主要工作是根据前面的构思，画出页面的粗略布局图，然后对照需求，看看结构是否合理，是否符合用户的需求。

步骤 3：细化布局。

细化布局阶段的主要工作是根据粗略布局图进一步细化，使布局图上的版位体现网站的内容描述。细化后的布局图可以大体理解为网站界面原型图。

步骤 4：搜集素材。

搜集素材阶段的主要工作是紧密结合网站主题，根据版面布局的版位实际情况，通过互联网等方式搜集相关的素材，包括图片、文字，以及音、视频素材等。

步骤 5：设计版面。

设计版面阶段的主要工作是结合版面布局，使用相关工具对素材进行加工处理，最终设计出网站版面。

2.1.2 网站版面设计原则

网站版面的设计，既要从外观上进行创作以达到吸引眼球的目的，还要结合图形和版面设计的相关原理，从而使网站版面设计变成一门独特的艺术。通常企业网站版面的设计应遵循以下几个基本原则。

1. 用户导向原则

在设计网站版面之前，先要明确网站的使用者，要站在用户的观点和立场考虑问题，要做到这一点，必须和用户进行沟通，了解他们的需求、目标、期望和偏好等。

2. KISS 原则

KISS 是“Keep It Sample and Stupid”的缩写，简洁和易于操作是网页设计中非常重要的原则，毕竟网站建设出来是供普通网民来查阅信息和使用网络服务的，没有必要在网页上设置过多的操作，以及堆积过多复杂和花哨的图片。

3. 布局控制原则

关于网页布局，通常要遵循的原则如下。

（1）Miller 公式。

根据心理学家 George A.Miller 的研究，一个人一次性所接收的信息量在 7 比特左右为宜，公式描述为：一个人一次性所接收的信息量为 7±2 比特。这一原理被广泛应用于网站建设中，一般网页上的栏目数量在 5～9 个为最佳，如果网站提供给浏览者选择的内容链接超过这个区间，浏览者就会感到烦躁、压抑。

（2）分组处理。

对于信息的分类，一般不超过 9 个栏目，但如果内容实在太多，超出了 9 个，则需要进行分组处理。如果网页上提供了几十篇文章的链接，则需要每隔 7 篇加一个空行或平行线加以分组。

4. 视觉平衡原则

网页上的各种元素，如图形、文字、空白等都会有视觉作用。根据视觉原理，图形与文字相比较，图形的视觉作用要大一些。所以，为了达到视觉平衡，在设计网页时需要用更多的文字来平衡一幅图片。另外，中国人的阅读习惯是从左到右，从上到下，因此视觉平衡也要遵循这个原理。例如，很多文字采用的是左对齐，需要在网页的右侧加一些图片或一些较明亮、较醒目的颜色。在一般情况下，每个网页都会设置一个页眉和一个页脚，页眉通常会放置一些 banner 广告或导航，而页脚通常放置联系方式和版权信息等，页眉和页脚在设计上也要注重视觉平衡。同时，也决不能低估空白的价值，如果网页上所显示的信息非常密集，这样不但不利于读者阅读，反而会引起读者反感，破坏网站的形象，因此，在页面设计上适当增加一些空白，可以精练网页，使页面变得更加简洁。

5. 色彩的搭配和文字的可阅读性

颜色是影响网页的重要因素，不同的颜色给人的感觉也不同，例如，红色和橙色使人兴奋、心跳加速，黄色使人联想到阳光等，因此，在设计版面的过程中，网页设计师需要考虑页面元素的颜色。

6. 一致性原则

通常，网站设计要保持一致性原则，因为一致的结构设计，可以让浏览者对网站的形象有深刻的记忆；一致的导航设计，可以让浏览者迅速而有效地进入感兴趣的页面；一致的操作设计，可以让浏览者快速学会整个网站的各种功能操作。破坏这一原则，会误导浏览者，并且让整个网站显得杂乱无章，给人留下不良的印象。当然，网站设计的一致性并不意味着刻板和一成不变，有的网站在不同栏目使用不同的风格，或者随着时间的推移不断地改版网站，从而给浏览者带来新鲜感。

7. 个性化

（1）符合网络文化。

企业网站不同于传统的企业商务活动，它要符合网络文化的要求。首先，网络最早是非正式、非商业化的，只是科研人员用来交流信息的；其次，网络信息只是在计算机屏幕上显示而没有被打印出来供用户阅读，所以网络上的交流具有隐蔽性，谁也不知道对方的真实身份；最后，许多人在上网的时候是在家庭或网吧等一些比较休闲、随意的环境下，此时网络用户的使用环境所蕴含的思维模式与坐在办公室里西装革履的时候大相径庭。因此，整个互联网的文化是休闲的、非正式的、轻松活泼的。在网站上使用幽默的网络语言，创造一种休闲的、轻松愉快、非正式的氛围会使网站的访问量大增。

（2）塑造网站个性。

网站的整体风格和整体气氛要与企业形象相符合，并能够很好地体现企业 CI。在这方面比较经典的案例有：可口可乐个性鲜明的前卫网站；工整、全面、细致的通用电气公司网站；

平易近人、亲情浓郁的通用汽车公司网站；服务全面、细致、方便，处处体现“宾至如归”服务理念的希尔顿大酒店网站。

2.1.3 网站版面布局

网站版面布局是设计网站版面的第一步，进行正确的网页布局，对网站的整体建设有着举足轻重的作用。

（1）网页布局。

网页布局是在页面上划分出不同的区域，按照设计的原则和方法，把不同的内容放置到不同的位置，并通过色彩调和出不同的网站基调，使网页内容形成一个有机的整体，充分表达网站主题的过程。

（2）网站版面布局图。

在网站建设行业中，网站版面布局图通常是指根据网页布局使用线条勾画出来的框图。它是网页布局在宏观上的表现，例如，某网站“首页”版面布局图如图 2-1 所示。

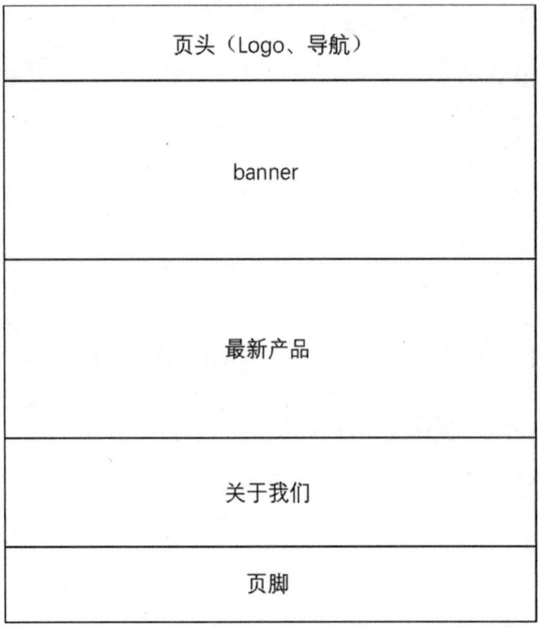

页头（Logo、导航）
banner
最新产品
关于我们
页脚

图 2-1

（3）绘制网站版面布局图的工具。

绘制网站版面布局图的工具非常多，常用的有 Word、Photoshop、Fireworks 等，使用原型设计工具，如 Axure、Mockup 也能快速画出网站版面布局图，当然，网页设计师也可以用笔在纸上画出来。

2.2 任务实施

在充分与用户沟通的前提下，网页设计师（美工）开始搜集相关素材设计网站版面，若用户对版面效果不满意，网页设计师应认真研究用户的反馈意见，并继续设计或修改版面直至用户满意或认可为止。

花公子蜂业科技有限公司门户网站的前端版面共有 8 个，分别为首页、关于花公子页、新闻动态栏目列表页、新闻动态内容页、产品中心栏目列表页、产品中心内容页、给我留言页、联系我们页。以下仅以设计“首页”版面为例演示设计过程，使用工具设计版面的具体步骤不进行演示，其他版面设计仅给出最终的设计效果图。

2.2.1 设计“首页”版面

网站“首页”版面定位为简约清新的风格，以绿色作为主色调，在设计过程中，根据花公子蜂业科技有限公司门户网站功能说明书的网站界面原型和网站“首页”版面风格，按照自上而下的顺序进行设计。

1. 搜集、整理素材

搜集、整理素材是网站版面设计过程中的重要环节，在这个环节中，网页设计师应该紧密结合网站界面原型所呈现的内容有针对性地搜集、整理素材，其中素材包括图片素材、文字素材等。

（1）页头版位素材：花公子蜂业科技有限公司 Logo（如果花公子蜂业科技有限公司提供 Logo，则使用公司提供的；如果没有，可先自行简单设计或使用网站名称代替）、电话图标、服务热线（文本）。

（2）导航版位素材：导航文本。

（3）banner 版位素材：蜂蜜及其生产基地的相关图片。

（4）关于花公子版位素材：形象图和花公子蜂业科技有限公司简介。

（5）新闻动态版位素材：新闻动态的文章标题。

（6）联系信息版位素材：400 电话（文本）、微信（文本）、微信图标、访客留言（文本）、留言图标、QQ 在线客服（文本）、QQ 在线图标。

（7）最新蜂蜜版位素材：蜂蜜产品图片。

（8）友情链接版位素材：链接文本。

（9）页脚版位素材：页脚信息文本、微信公众号二维码图片。

2. 设计版面

根据首页细化布局图和搜集到的素材，使用相关工具对素材进行加工处理，然后进行排版、设计，最终设计出“首页”版面，如图 2-2 所示。

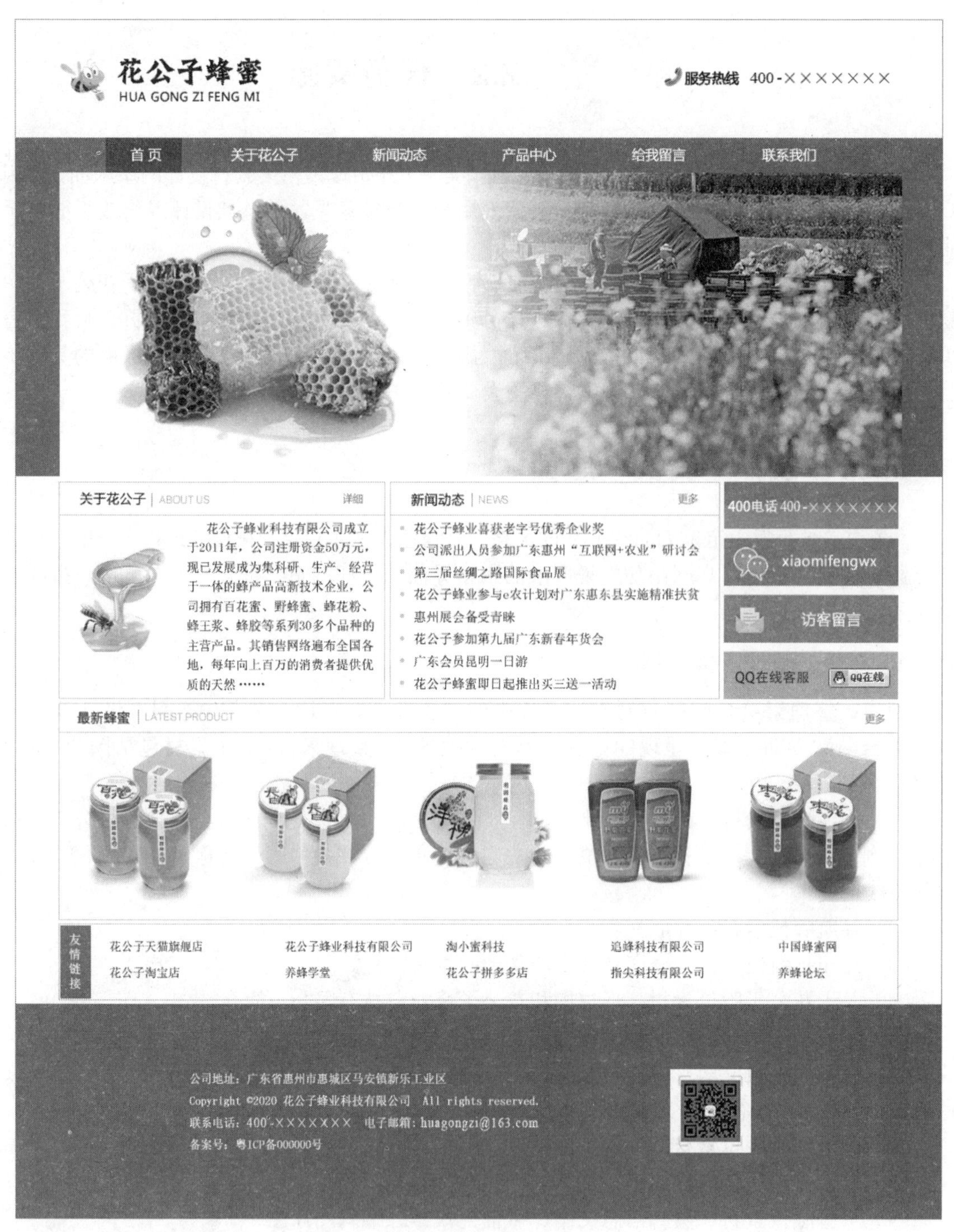

图 2-2

2.2.2 设计“关于花公子页”版面

根据花公子蜂业科技有限公司门户网站功能说明书和版面设计的原则，按照“首页”版面设计的过程，设计“关于花公子页”版面，页面效果如图 2-3 所示。

图 2-3

2.2.3 设计“新闻动态栏目列表页”版面

根据花公子蜂业科技有限公司门户网站功能说明书和版面设计的原则，按照“首页”版面设计的过程，设计“新闻动态栏目列表页”版面，页面效果如图 2-4 所示。

图 2-4

2.2.4 设计“新闻动态内容页”版面

根据花公子蜂业科技有限公司门户网站功能说明书和版面设计的原则，按照“首页”版面设计的过程，设计“新闻动态内容页”版面，页面效果如图 2-5 所示。

图 2-5

2.2.5 设计“产品中心栏目列表页”版面

根据花公子蜂业科技有限公司门户网站功能说明书和版面设计的原则，按照“首页”版面设计的过程，设计“产品中心栏目列表页”版面，页面效果如图 2-6 所示。

花公子蜂蜜
HUA GONG ZI FENG MI
服务热线 400-×××××××
首页
关于花公子
新闻动态
产品中心
给我留言
联系我们
产品类别
百花蜜
龙眼蜜
椴树蜜
黄连蜜
橙花蜜
联系我们
地址：广东省惠州市惠城区
服务热线：400-×××××××
网址：http://www.×××.com
电子邮箱：huagongzi@163.com
QQ：123456789
微信：xiaomifengwx
您现在的位置：首页>产品中心
百花蜜蜂浆600g
百花蜜王浆600g
洋槐蜜王浆1500g
野菊花蜜蜂浆800g
枣花蜜蜂浆600g
百花蜜王浆600g
百花蜜王浆600g
洋槐蜜王浆1500g
野菊花蜜蜂浆800g
16条 首页 上一页 1 2 下一页 尾页
友情链接
花公子天猫旗舰店
花公子蜂业科技有限公司
淘小蜜科技
追蜂科技有限公司
中国蜂蜜网
花公子淘宝店
养蜂学堂
花公子拼多多店
指尖科技有限公司
养蜂论坛
公司地址：广东省惠州市惠城区马安镇新乐工业区
Copyright ©2020 花公子蜂业科技有限公司 All rights reserved.
联系电话：400-××××××× 电子邮箱：huagongzi@163.com
备案号：粤ICP备000000号

图 2-6

2.2.6 设计“产品中心内容页”版面

根据花公子蜂业科技有限公司门户网站功能说明书和版面设计的原则，按照“首页”版面设计的过程，设计“产品中心内容页”版面，页面效果如图 2-7 所示。

图 2-7

2.2.7 设计“给我留言页”版面

根据花公子蜂业科技有限公司门户网站功能说明书和版面设计的原则，按照“首页”版面设计的过程，设计“给我留言页”版面，页面效果如图2-8所示。

图2-8

2.2.8 设计“联系我们页”版面

根据花公子蜂业科技有限公司门户网站功能说明书和版面设计的原则，按照“首页”版面设计的过程，设计“联系我们页”版面，页面效果如图 2-9 所示。

图 2-9

2.3 经验分享

（1）网站版面设计是一项“细心活”，在设计网站版面的过程中，网页设计师必须细心严谨，整体把握网站风格，细节处理到位，同时多与用户沟通，及时征求用户意见，保证项目进度。

（2）网站设计所需的资料，可要求用户提供，如果用户没有，则可以围绕主题自行编辑，千万不可用“无”字或“×”字符代替，因为网站版面是网站“蓝图”，设计出来后，需要得到用户的认可，才能进入下一个环节。

2.4 技能训练

（1）根据智网电子贸易有限公司门户网站功能说明书，搜集设计网站的相关素材。

（2）利用相关知识和相关工具设计智网电子贸易有限公司门户网站的整套版面。

任务 3　制作企业网站前台 Web 页面

知识目标

- 了解网站版面“切图”的含义。
- 熟悉网站版面“切图”的流程。
- 理解盒子模型、浮动的含义。
- 掌握清除浮动的方法。
- 掌握网站版面版位的 CSS 盒子模型分析方法。

技能目标

- 能够使用 CSS 盒子模型原理分析网站版面的版位结构。
- 能够根据版面的版位结构和内容正确写出相应的 HTML 代码。
- 能够根据版面的具体表现写出相应的 CSS 代码。

任务概述

- 任务内容：根据网站版面图制作出相应的 Web 页面（静态网页）。
- 参与人员：网页设计师（美工）。

3.1　知识准备

3.1.1　网站版面“切图”的含义

在网站建设的过程中，用户确认网站版面后，网页设计师（美工）就可以根据网站版面图制作相应的 Web 页面（即静态网页）了，这个过程通常被称为“切图”，这是网页设计师、前端工程师等工作岗位的必备核心技能。读者需要注意的是，“切图”并不是指传统意义上的使用工具对版面进行裁切，而是指使用相关工具和相关技术把网站版面图转换为 Web 页面的过程。

在中小型网站建设公司或从事网站建设的科技公司中，网页设计师的工作职责就是根据网站功能说明书设计网站的版面，并利用“切图”技术把网站版面图转换为 Web 页面；而在大型网站建设公司中，按照工作过程，职位被划分得更详细，例如，平面设计师（界面设计师）主要负责设计网站版面图，网页设计师则负责利用“切图”技术将网站版面图转换为 Web 页面。

3.1.2 网站版面“切图”的流程

在网站建设行业中，网站版面“切图”的流程如图 3-1 所示。

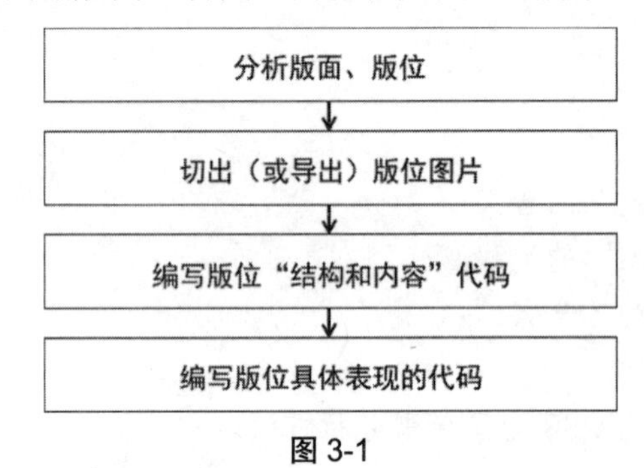

图 3-1

1. 分析版面、版位

网页设计师使用相关工具打开网站版面图后，首先根据 CSS 盒子模型的知识分析整个网站版面结构，然后按照自上而下、从左向右的顺序分析各个版位，为了便于对版位进行描述，通常结合版位内容为版位取名，如新闻动态版位。分析的结果使用 CSS 盒子模型来表示。

2. 切出（或导出）版位图片

本阶段需根据版位的实际情况，使用软件（如 Photoshop 或 Fireworks）自带的切图工具将需要切出的图片切出来，如果网站版面为源文件，则可以直接将需要切出的图片导出。

3. 编写版位“结构和内容”代码

版位的图片切出或导出之后，使用 HTML 语言编写页面的结构代码，并把该版位的内容写入相应的盒子中。

4. 编写版位具体表现的代码

本阶段的主要工作是根据版位的具体表现，编写相应的 CSS 代码。

3.1.3 网站版面“切图”的核心知识

网站版面“切图”的核心技术就是 DIV+CSS 网页布局技术，所以，掌握 DIV+CSS 网页布局技术是切好图的前提，以下为常用的网站版面“切图”必备知识。

1. 盒子模型

盒子模型是 HTML+CSS 布局中核心的基础知识，只有真正理解盒子模型的概念才能更好地“切图”。在 CSS 盒子模型理论中，所有页面中的元素都可以被看成一个盒子，并且占据一定的页面空间。一个页面由多个盒子组成，这些盒子之间会互相影响，因此，掌握盒子模型需要从两个方面入手：方面一，单独一个盒子的内部结构；方面二，多个盒子之间的相互关系。

盒子模型是由 content（内容）、padding（内边距）、margin（外边距）和 border（边框）4 个属性组成的，此外，还有 width（宽度）和 height（高度）两大辅助属性。图 3-2 所示为一个 CSS 盒子模型的内部结构，通过分析该结构可知：一个元素的实际宽度（盒子的宽度）=左外边距+左边框+左内边距+内容+右内边距+右边框+右外边距。

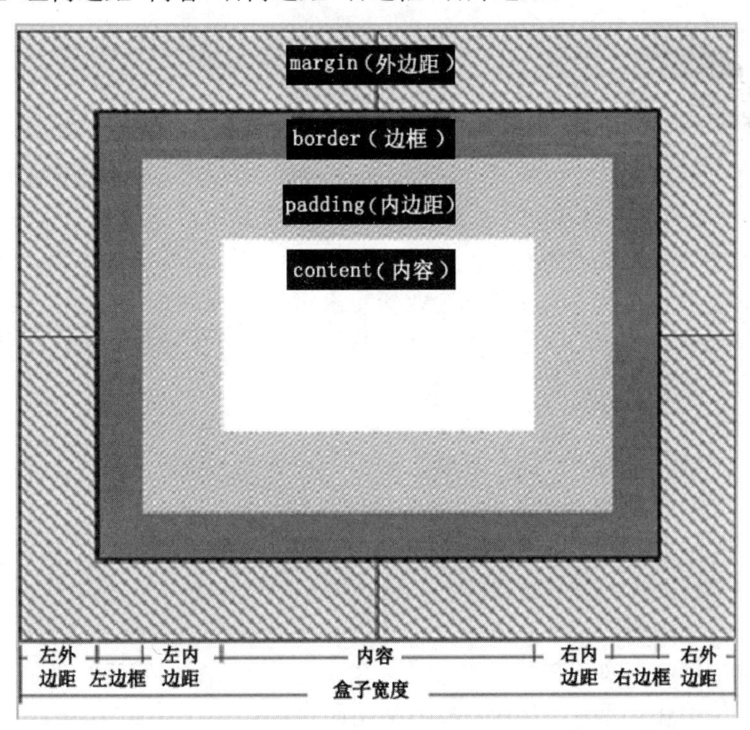

图 3-2

（1）内容。

内容是 CSS 盒子模型的中心，它呈现了盒子的主要信息，这些内容可以是文本、图片等多种类型，内容属性有 width、height 和 overflow。使用 width 和 height 属性可以指定盒子内容的高度和宽度。这里需要注意一点，width 和 height 属性是针对内容而言的，并不包括边框和边距，当内容信息太多，超出内容所占范围时，可以使用 overflow 溢出属性来指定处理方法。

（2）内边距。

内边距是指内容和边框之间的空间，内边距属性有 padding-top、padding-bottom、padding-left、padding-right 及综合了以上 4 个方向的快捷内边距属性 padding，使用这 5 种属性可以指定内容区域各方向与边框之间的距离。

（3）边框。

在CSS盒子模型中，边框属性有border-width、border-style、border-color及综合了这3种属性的快捷边框属性border，其中，border-width用于指定边框的宽度，border-style用于指定边框的类型，border-color用于指定边框的颜色。

（4）外边距。

外边距是指两个盒子之间的距离，它可能是指子元素与父元素之间的距离，也可能是指兄弟元素之间的距离。外边距使得元素之间不必紧凑地连接在一起，这是CSS布局的一种重要手段。外边距属性有margin-top、margin-bottom、margin-left、margin-right及综合了以上4个方向的快捷外边距属性margin。同时，CSS允许为外边距属性指定负值，当指定负外边距时，整个盒子向指定负值的相反方向移动，以此可以产生盒子的重叠效果，这就是通常所说的“负margin技术”。

2. 浮动

（1）浮动的含义。

float（浮动）是CSS样式中的定位属性，用于设置HTML元素的浮动布局，浮动的元素具有脱离文档流、包裹性和破坏性3个特性。脱离文档流是指浮动元素不会影响普通元素（非浮动元素或标准文档流元素）的布局；包裹性是指元素尺寸恰好容纳内容，浮动之所以会产生包裹性这样的效果，是因为float属性会改变元素display属性最终的计算值；破坏性是指元素浮动后导致父元素高度塌陷，因为浮动元素从标准文档流中被移除了，而父元素还处在标准文档流中，所以父元素的高度将发生塌陷。

（2）浮动的应用。

横向排列：在网页布局中，通常需要实现1个或者多个块级元素横向排列的效果，此时就需要设置块级元素的float属性，常用的属性值有left和right。

文字环绕：在网页布局中，利用块级元素float属性，能够轻松实现文字环绕的效果，最常见的就是文字环绕图片的排版效果。

（3）浮动造成的影响。

对其父元素的影响：对于其父元素来说，在元素浮动之后，它就脱离了当前正常的文档流，所以它也无法撑开父元素，从而造成了父元素的塌陷。

对其非浮动兄弟元素的影响：如果兄弟元素为块级元素，那么该元素会忽视浮动元素而占据它的位置，并且该元素会处在浮动元素的下层，但它的内部文字和其他行内元素都会环绕浮动元素；如果兄弟元素为内联元素，则该元素会环绕浮动元素排列。

对其浮动兄弟元素的影响：当一个浮动元素在浮动过程中，遇到同一个方向的浮动元素时，它会紧跟其后；当遇到的是反方向的浮动元素时，它们之间互不影响，并位于同一条水平线上，当空间不够时，它们会被挤到一行，但浮动的方向不变。

对子元素的影响：当一个元素浮动时，在没有清除浮动的情况下，它无法撑开父元素，但它可以让自己的浮动子元素撑开它自身，并且在没有定义具体宽度的情况下，使自身的宽度从100%变为自适应。

3. 清除浮动

当元素被设置浮动后，会产生浮动的效果，同时也会影响前后标签、父级标签的位置及width和height属性，而且同样的代码，在不同浏览器中显示的效果也有可能不同，以下是清除浮动的几种方法。

（1）父级DIV定义height。

原理：父级DIV定义height，解决了父级DIV无法自动获取高度的问题。

优点：简单，代码少，容易掌握。

缺点：只适合高度固定的布局，要给出精确的高度，如果设置的高度和父级DIV高度不一致就会产生问题。

建议：只在布局的高度固定时使用。

（2）在结尾处加空DIV标签：<div style="clear:both"></div>。

原理：添加一个空DIV标签，利用CSS的clear:both属性清除浮动，让父级DIV能自动获取高度。

优点：简单，代码少，浏览器兼容性好，不容易出现问题。

缺点：初学者不容易理解原理，如果页面浮动布局较多，则需要增加多个空DIV标签。

建议：不推荐使用。

（3）在父级DIV中定义伪类:after和zoom。

使用该方法清除浮动的代码如下。

```
.clearfloat:after{
    display:block;clear:both;content:"";visibility:hidden;height:0}
.clearfloat{zoom:1}
```

原理：只有IE8以上或非IE浏览器才支持:after，原理与方法（2）类似，zoom（IE专有属性）可解决IE6、IE7浮动问题。

优点：浏览器兼容性好，不容易出现问题（目前大型网站几乎都使用该方法，如腾讯、网易、新浪等）。

缺点：代码多，初学者不容易理解原理，需要两句代码结合使用才能让主流浏览器支持。

建议：推荐使用，建议定义公共类以减少CSS代码。

（4）父级DIV定义 overflow:hidden。

原理：必须定义width或zoom:1，同时不能定义height，当使用overflow:hidden时，浏览器会自动检查浮动区域的高度。

优点：简单，代码少，浏览器支持性较好。

缺点：不能和position属性配合使用，因为超出的尺寸会被隐藏。

建议：建议对overflow:hidden理解比较深的开发者使用。

（5）父级DIV定义overflow:auto。

原理：必须定义width或zoom:1，不能同时定义height，当使用overflow:auto时，浏览器会自动检查浮动区域的高度。

优点：简单，代码少，浏览器兼容性好。

缺点：内部宽、高超过父级DIV时，会出现滚动条。

建议：不推荐使用，当需要出现滚动条或确保代码不会出现滚动条时可使用。

3.1.4 网站版面版位的 CSS 盒子模型分析方法

在进行版面“切图”的过程中，首先要根据版面版位的情况分析该版位的 CSS 盒子模型，然后根据该版位的 CSS 盒子模型编写页面代码，因此，掌握网站版面版位的 CSS 盒子模型分析方法至关重要。下面以某网站版面的版位为例讲解实施过程，某网站版面的版位效果如图 3-3 所示。

产品类别
类别标别标别标题
类别标别标别标题
类别标别标别标题
类别标别标别标题
类别标别标别标题
类别标别标别标题
类别标别标别标题
类别标别标别标题
类别标别标别标题
类别标别标别标题
类别标别标别标题
类别标别标别标题
类别标别标别标题
类别标别标别标题
类别标别标别标题

用户服务
微笑服务 用户至上
* 标题：
* 称呼：
手机号码：
QQ：
* 电子邮箱：
* 留言内容：
提 交

图 3-3

分析版面版位：根据图 3-3 和 CSS 盒子模型理论，从整体布局上看，该版位是一个长方形盒子，左边放置了产品类别盒子，右边放置了在线留言盒子。产品类别盒子由上、下两个盒子组成，上面的盒子用于输出栏目标题，下面的盒子用于输出产品类别标题；在右边的在线留言盒子中，第一个盒子用于输出“用户服务 微笑服务 用户至上”图片，第二个盒子用于输出留言标题，依次类推。

形成 CSS 盒子模型：根据上面的分析，形成 CSS 盒子模型示意图，如图 3-4 所示。

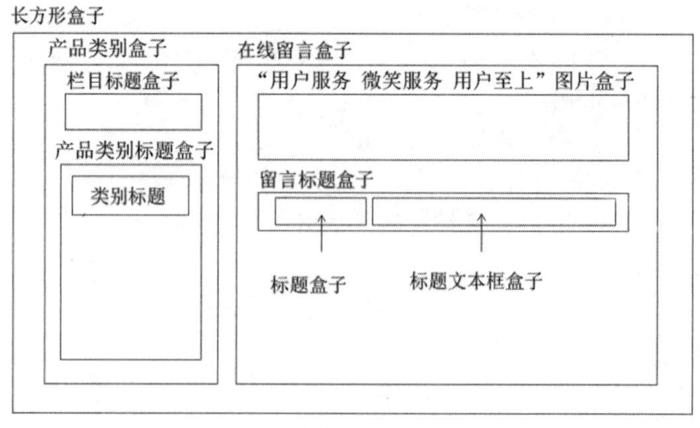

图 3-4

3.2 任务实施

在进行“切图”之前，首先创建 web 目录，然后在该目录下分别创建 images、css、js 目录，如图 3-5 所示，接着对所有网站版面进行分析，发现所有页面的背景颜色为#FFFFFF，因此，在“web/css/”目录下创建样式表文件 style.css，全局的样式如下。

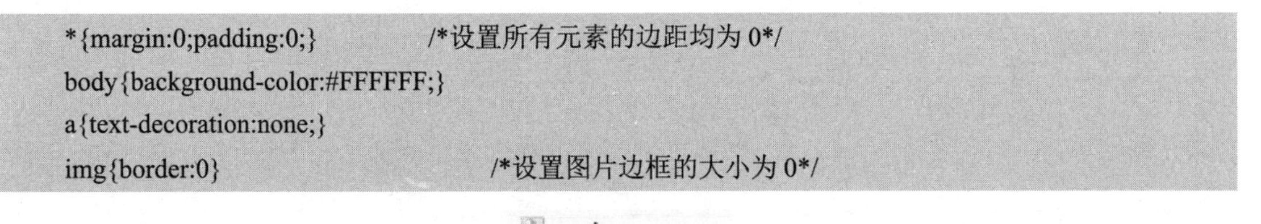

```
*{margin:0;padding:0;}            /*设置所有元素的边距均为 0*/
body{background-color:#FFFFFF;}
a{text-decoration:none;}
img{border:0}                     /*设置图片边框的大小为 0*/
```

图 3-5

3.2.1 “首页”版面切图

“首页”版面切图所形成的静态网页文件名为 index.html，保存的目录为“web/”。

使用相关工具打开“首页”版面源文件，利用所学知识对版面进行分析。“首页”版面主要由页头版位、导航版位、banner 版位、关于花公子版位、新闻动态版位、联系信息版位、最新蜂蜜版位、友情链接版位和页脚版位组成，在切图的时候，按照自上而下、从左向右的顺序进行。

1. 页头版位切图

（1）分析版位。

页头版位主要由左侧的 Logo 和右侧的服务热线组成。根据 CSS 盒子模型原理，该版位的 CSS 盒子模型如图 3-6 所示。

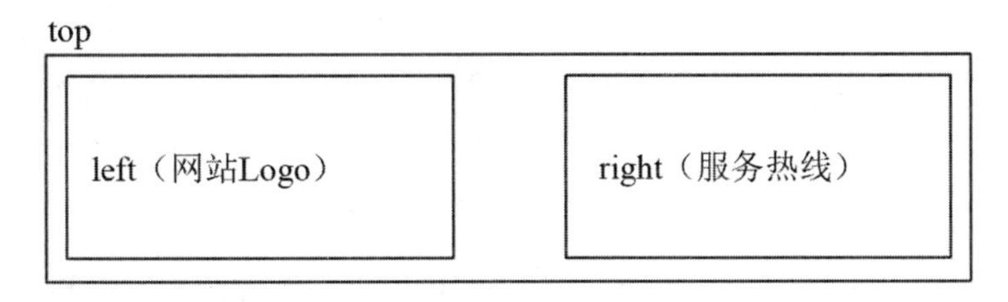

图 3-6

（2）切出（或导出）版位图片。

页头版位需要切出（或导出）的图片有网站 Logo 和电话图标，图片的格式为 PNG，保存的目录为“web/images/”，图片如图 3-7 和图 3-8 所示。

图 3-7

图 3-8

（3）编写版位结构和内容代码。

根据页头版位的 CSS 盒子模型，按照从外向里、从左向右的顺序逐层编写如下 HTML 代码。

```
<div class="top">
    <div class="left"><img src="images/logo.png" width="238" height="53" /></div>
    <div class="right">服务热线  400-×××××××</div>
</div>
```

（4）编写 CSS 代码。

根据页头版位的 CSS 盒子模型，按照从外向里、从左向右的顺序逐层编写如下 CSS 代码。

```
.top{
    height:135px;width:1000px;margin:0 auto;
    }
.top .left{
    height:53px;width:240px;float:left;margin-top:41px;
    }
.top .right{
    height:40px;line-height:40px;width:280px;float:right;
    font-family:微软雅黑;font-weight:bold;margin-top:48px;
    background:url(../images/tel.png) left center no-repeat;
    padding-left:30px;
    }
```

通过浏览器预览的效果如图 3-9 所示。

服务热线 400-×××××××

图 3-9

2. 导航版位切图

（1）分析版位。

根据版面源文件，导航版位主要由首页、关于花公子、新闻动态、产品中心、给我留言、联系我们 6 个导航项组成，在分析的时候要注意以下两点。

① 当把鼠标指针移至导航项上时，该导航项背景颜色采用“#00661A”;

② 不对导航最外面的盒子宽度进行控制，让其适应屏幕宽度，6 个导航项均在版面主体宽度范围内。

根据 CSS 盒子模型原理，导航版位的 CSS 盒子模型如图 3-10 所示。

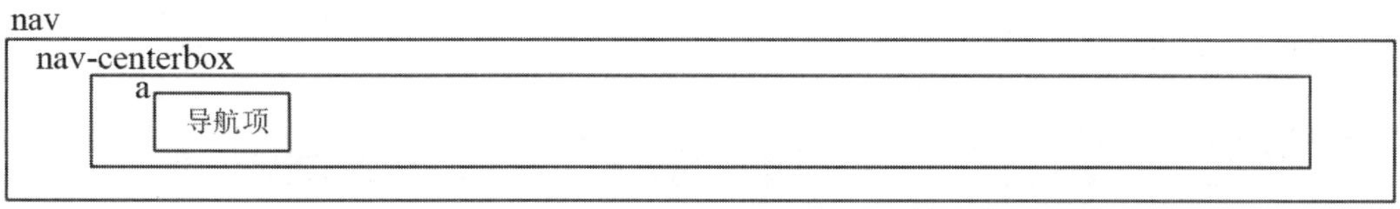

nav
nav-centerbox
a
导航项

图 3-10

（2）切出（或导出）版位图片。

通过分析，导航版位没有需要切出（或导出）的图片。

（3）编写版位结构和内容代码。

根据导航版位的 CSS 盒子模型，按照从外向里、从左向右的顺序逐层编写如下 HTML 代码。

```
<div class="nav">
    <div class="nav-centerbox">
        <a href="index.html" >首页</a>
        <a href="about.html">关于花公子</a>
        <a href="news.html">新闻动态</a>
        <a href="product.html">产品中心</a>
        <a href="message.html">给我留言</a>
         <a href="contact.html">联系我们</a>
    </div>
</div>
```

（4）编写 CSS 代码。

根据导航版位的 CSS 盒子模型，按照从外向里、从左向右的顺序逐层编写如下 CSS 代码。

```
.nav{
    height:40px;background:#00B22D;
    }
.nav .nav-centerbox{
    height:40px;width:1000px;margin:0 auto;padding-left:2px;
    }
.nav .nav-centerbox a{
    display:block;float:left;height:40px;width:166px;text-align:center;
    line-height:40px;color:#FFF;font-family:微软雅黑; font-weight:bold;
    }
.nav .nav-centerbox a:hover{
    background:#00661A;
    }
```

此时，“首页”版面的效果如图 3-11 所示。

图 3-11

3. banner 版位切图

（1）分析版位。

banner 版位的结构非常简单，主要由一张 banner 组成，不对 banner 最外层盒子的宽度进行控制，让其左、右两边伸展以占满屏幕。banner 占满版面主体宽度，即 width:1000px。根据 CSS 盒子模型原理，banner 版位的 CSS 盒子模型如图 3-12 所示。

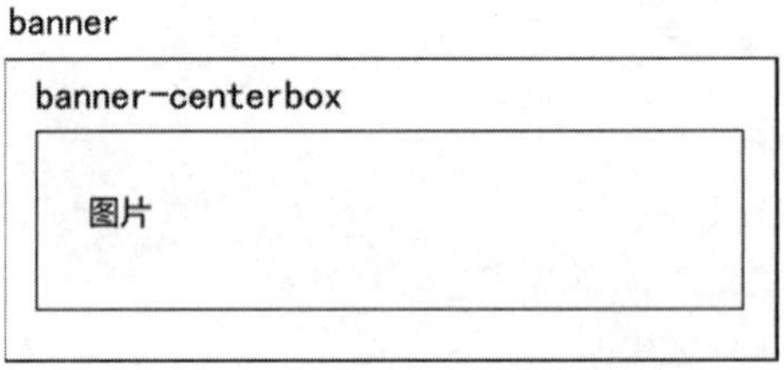

banner

banner-centerbox

图片

图 3-12

（2）切出（或导出）版位图片。

banner 版位只需导出 banner 即可，效果如图 3-13 所示。

图 3-13

（3）编写版位结构和内容代码。

根据 banner 版位的 CSS 盒子模型，按照从外向里、从左向右的顺序逐层编写如下 HTML 代码。

```
<div class="banner">
    <div class="banner-centerbox">
        <!--在这里嵌入透明 Flash -->
    </div>
</div>
```

（4）编写 CSS 代码。

根据 banner 版位的 CSS 盒子模型，按照从外向里、从左向右的顺序逐层编写如下 CSS 代码。

```
.banner{
    height:350px;background:#00B22D;
}
.banner .banner-centerbox{
    height:350px;width:1000px;margin:0 auto;
    background:url(../images/banner.jpg) center center no-repeat;
}
```

（5）嵌入透明 Flash。

在盒子<div class="banner-centerbox"> </div>中编写如下代码嵌入透明 Flash。

```
<object id="FlashID" classid="clsid:D27CDB6E-AE6D-11cf-96B8-444553540000"
 width="1000" height="350">
    <param name="movie" value="images/top.swf" />
    <param name="quality" value="high" />
    <param name="wmode" value="transparent" />
    <param name="swfversion" value="6.0.65.0" />
    <!-- 此 param 标签用于提示使用 Flash Player 6.0 r65 和更高版本的用户下载最新版本
    的 Flash Player。如果不想让用户看到该提示，请将其删除 -->
    <param name="expressinstall" value="Scripts/expressInstall.swf" />
    <!-- 下一个对象标签用于非 IE 浏览器-->
    <!--[if !IE]>-->
    <object type="application/x-shockwave-flash" data="images/top.swf"
     width="997" height="349">
        <!--<![endif]-->
        <param name="quality" value="high" />
        <param name="wmode" value="transparent" />
        <param name="swfversion" value="6.0.65.0" />
        <param name="expressinstall" value="Scripts/expressInstall.swf" />
        <!-- 浏览器将以下替代内容显示给使用 Flash Player 6.0 和更低版本的用户 -->
        <div>
            <h4>此页面上的内容需要较新版本的 Adobe Flash Player。</h4>
            <p><a href="http://www.adobe.com/go/getflashplayer">
            <img src="http://www.adobe.com/images/shared/download_buttons/
            get_flash_player.gif" alt="获取 Adobe Flash Player" width="112"
            height="33" /></a></p>
        </div>
        <!--[if !IE]>-->
    </object>
    <!--<![endif]-->
</object>
```

此时，“首页”版面的效果如图 3-14 所示。

图 3-14

4. 关于花公子、新闻动态和联系信息形成的横向版位“切图”

（1）分析版位。

关于花公子、新闻动态和联系信息形成的横向版位是“首页”版面中较复杂的版位。该横向版位可被进一步划分成关于花公子版位、新闻动态版位和右侧的联系信息版位。横向版位与关于花公子版位、新闻动态版位、联系信息版位是包含与被包含的关系。根据 CSS 盒子模型原理，该横向版位的 CSS 盒子模型如图 3-15 所示。

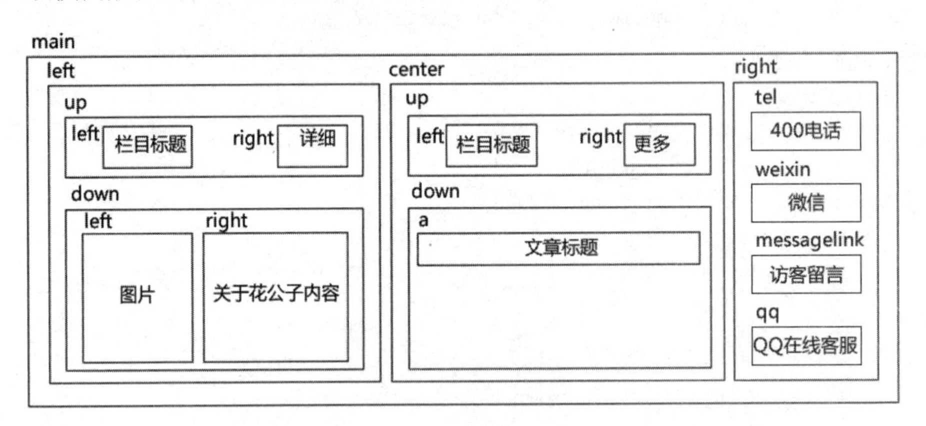

图 3-15

（2）切出（或导出）版位图片。

通过分析，关于花公子、新闻动态和联系信息形成的横向版位需导出的图片有关于花公子版位的形象图，如图 3-16 所示（图片名称为“bee.jpg”）；400 电话背景图，如图 3-17 所示（图片名称为“400.jpg”）；微信背景图，如图 3-18 所示（图片名称为“weixin.jpg”）；访问留言背景图，如图 3-19 所示（图片名称为“message.jpg”）；QQ 在线客服背景图，如图 3-20 所示（图片名称为“qq.jpg”）；QQ 在线图，如图 3-21 所示（图片名称为“qqonline.png”）。

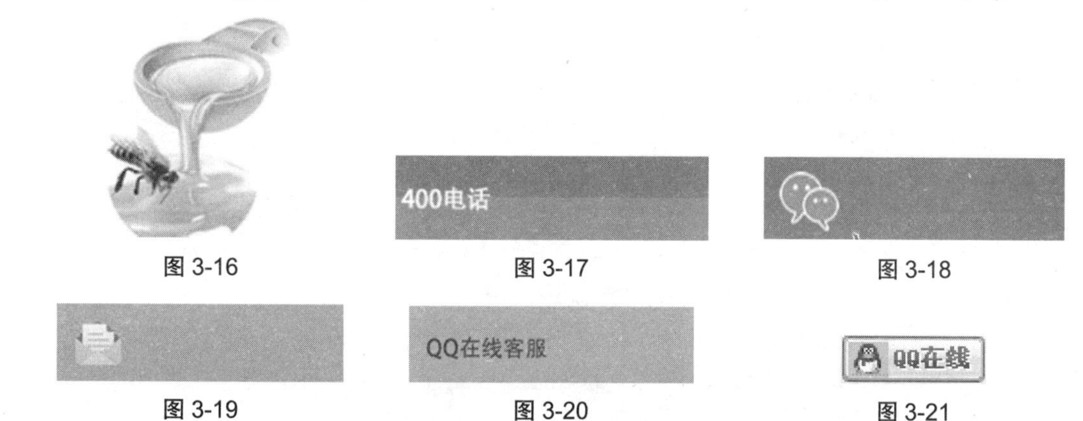

图 3-16　图 3-17　图 3-18

图 3-19　图 3-20　图 3-21

（3）编写版位结构和内容代码。

根据关于花公子、新闻动态和联系信息形成的横向版位的 CSS 盒子模型，按照从外向里、从左向右的顺序逐层编写如下 HTML 代码。

```
<!--关于花公子、新闻动态和联系信息形成的横向版位-->
   <div class="main">
       <!--关于花公子版位-->
       <div class="left">
           <div class="up">
               <div class="left">
                   <span class="cattitle">关于花公子</span>|
                   <span class="cattitle_en">ABOUT US</span>
               </div>
               <div class="right"><a href="#">详细</a></div>
           </div>
           <div class="down">
               <div class="left"><img src="images/bee.jpg"
               width="121" height="121" /></div>
               <div class="right">花公子蜂业科技有限公司成立于 2011 年，公司注册资金 50 万元，现
               已发展成为集科研、生产、经营于一体的蜂产品高新技术企业，公司拥有百花蜜、野蜂
               蜜、蜂花粉、蜂王浆、蜂胶等系列 30 多个品种的主营产品。其销售网络遍布全国各地，
               每年向上百万的消费者提供优质的天然……
           </div>
       </div>
   </div>
       <!--新闻动态版位-->
       <div class="center">
           <div class="up">
               <div class="left">
                   <span class="cattitle">新闻动态</span>|
```

```
                <span class="cattitle_en">NEWS</span>
            </div>
            <div class="right"><a href="#">更多</a></div>
        </div>
        <div class="down">
            <a href="#">花公子蜂业喜获老字号优秀企业奖</a>
            <a href="#">公司派出人员参加广东惠州“互联网+农业”研讨会</a>
            <a href="#">第三届丝绸之路国际食品展</a>
            <a href="#">花公子蜂业参与e农计划对广东惠东县实施精准扶贫</a>
            <a href="#">惠州展会备受青睐</a>
            <a href="#">花公子参加第九届广东新春年货会</a>
            <a href="#">广东会员昆明一日游</a>
            <a href="#">花公子蜂蜜即日起推出买三送一活动</a>
        </div>
    </div>
    <!--联系信息版位-->
    <div class="right">
        <div class="tel">400-×××××××</div>
        <div class="weixin">xiaomifengwx</div>
        <div class="messagelink">
            <a href="#">访客留言</a>
        </div>
        <div class="qq">
             <a target=blank href=tencent://message/?uin=123456>
                 <img src="images/qqonline.png">
             </a>
        </div>
    </div>
</div>
```

（4）编写CSS代码。

根据关于花公子、新闻动态和联系信息形成的横向版位的CSS盒子模型，按照从外向里、从左向右的顺序逐层编写如下CSS代码。

```
/*关于花公子、新闻动态和联系信息形成的横向版位*/
.main{
    height:250px;width:1000px;margin-left:auto;margin-right:auto;margin-top:8px;}
/*关于花公子版位*/
.main>.left{
    height:250px;width:387px;border:1px solid #CCCCCC;float:left;}
.main>.left .up{
    height:39px;border-bottom:1px solid #CCCCCC;}
.main>.left .up .left{
    height:39px;width:200px;float:left;line-height:39px;padding-left:20px;}
```

```
.main>.left .up .left .cattitle{
    font-family:微软雅黑;font-weight:bold;font-size:15px;}
.main>.left .up .left .cattitle_en{
    font-size:11px;font-family:Arial;color:#B8B8B8;}
.main>.left .up .right{
    height:39px;line-height:39px;width:50px;float:right;}
.main>.left .up .right a{
    font-size:13px;color:#888888;}
.main>.left .down{
    height:211px;}
.main>.left .down .left{
    height:211px;width:150px;float:left;text-align:center;}
.main>.left .down .left img{
    margin-top:45px;}
.main>.left .down .right{
    height:200px;width:230px;float:right;font-size:14px;text-indent:2em;line-height:23px;
padding-top:11px;}
/*新闻动态版位*/
.main>.center{
    height:250px;width:387px;border:1px solid #CCCCCC;float:left;margin-left:7px;}
.main>.center .up{
    height:39px;border-bottom:1px solid #CCCCCC;}
.main>.center .up .left{
    height:39px;width:200px;float:left;line-height:39px;padding-left:20px;}
.main>.center .up .left .cattitle{
    font-family:微软雅黑;font-weight:bold;font-size:15px;}
.main>.center .up .left .cattitle_en{
    font-size:11px;font-family:Arial;color:#B8B8B8;}
.main>.center .up .right{
    height:39px;line-height:39px;width:50px;float:right;}
.main>.center .up .right a{
    font-size:13px;color:#888888;}
.main>.center .down{
    height:211px;}
.main>.center .down a{
    display:block;height:26px;line-height:26px;font-size:14px;color:#030303;
    padding-left:30px;background:url(../images/dot.png) 15px center no-repeat;}
/*联系信息版位*/
.main>.right{
    height:250px;width:206px;float:right;}
.main>.right .tel,.weixin,.messagelink,.qq{
    height:54px;line-height:54px;}
.main>.right .tel{
    background:url(../images/400.jpg) right center no-repeat;color:#FC0;
```

```
    padding-left:70px;font-weight:bold;}
.main>.right .weixin{
    background:url(../images/weixin.jpg) right center no-repeat;padding-left:60px;
    font-weight:bold;color:#FFF;}
.main>.right .messagelink{
    background:url(../images/message.jpg) right center no-repeat;padding-left:80px;}
.main>.right .messagelink a{
    font-family:微软雅黑;font-size:16px;color:#FFFFFF;font-weight:bold;}
.main>.right .qq{
    background:url(../images/qq.jpg) right center no-repeat;padding-left:110px;}
.main>.right .qq img{
    margin-top:16px;}
.main>.right .tel,.weixin,.messagelink{
    margin-bottom:12px;}
```

此时，“首页”版面的效果如图 3-22 所示。

图 3-22

5. 最新蜂蜜版位切图

（1）分析版位。

最新蜂蜜版位主要用于展示最新的蜂蜜产品。根据 CSS 盒子模型原理，该版位的 CSS 盒子模型如图 3-23 所示。

product
up
left 栏目标题 right 更多
down
图片

图 3-23

（2）切出（或导出）版位图片。

通过分析版面源文件可知，最新蜂蜜版位需导出 5 张产品图片，如图 3-24 所示。

图 3-24

（3）编写版位结构和内容代码。

根据最新蜂蜜版位的 CSS 盒子模型，按照从外向里、从左向右的顺序逐层编写如下 HTML 代码。

```
<div class="product">
    <div class="up">
        <div class="left">
            <span class="cattitle">最新蜂蜜</span>|
            <span class="cattitle_en">LATEST PRODUCT</span>
        </div>
        <div class="right"><a href="#">更多</a></div>
    </div>
    <div class="down">
        <a href="#"><img src="images/pro1.jpg" width="162" height="177"></a>
        <a href="#"><img src="images/pro2.jpg" width="162" height="177"></a>
        <a href="#"><img src="images/pro3.jpg" width="162" height="177"></a>
        <a href="#"><img src="images/pro4.jpg" width="162" height="177"></a>
        <a href="#"><img src="images/pro5.jpg" width="162" height="177"></a>
```

```
    </div>
</div>
```

（4）编写CSS代码。

根据最新蜂蜜版位的CSS盒子模型，按照从外向里、从左向右的顺序逐层编写如下CSS代码。

```
.product{
    height:250px;width:1000px;border:1px solid #CCCCCC;background:#FFF;
    margin-left:auto;margin-right:auto;margin-top:9px;}
.product .up{
    height:39px;border-bottom:1px solid #CCCCCC;}
.product .up .left{
    height:39px;width:200px;float:left;line-height:39px;padding-left:20px;}
.product .up .left .cattitle{
    font-family:微软雅黑;font-weight:bold;font-size:15px;}
.product .up .left .cattitle_en{
    font-size:11px;font-family:Arial;color:#B8B8B8;}
.product .up .right{
    height:39px;line-height:39px;width:50px;float:right;}
.product .up .right a{
    font-size:13px;color:#888888;}
.product .down{
    height:211px;}
.product .down a{
    display:block;width:162px;height:177px;float:left;margin-top:17px;
    margin-left:31px;}
```

此时，“首页”版面的效果如图3-25所示。

6. 友情链接版位切图

（1）分析版位。

友情链接版位从整体上分成左、右两部分，左边为栏目标题，即友情链接，右边为具体的文本链接。根据CSS盒子模型原理，该版位的CSS盒子模型如图3-26所示。

（2）切出（或导出）版位图片。

通过分析版面源文件可知，友情链接版位没有需要切出（或导出）的图片。

服务热线 400-××××××××
首页
关于花公子
新闻动态
产品中心
给我留言
联系我们
关于花公子| ABOUT US
详细
花公子蜂业科技有限公司成立于2011年，公司注册资金50万元，现已发展成为集科研、生产、经营于一体的蜂产品高新技术企业，公司拥有百花蜜、野蜂蜜、蜂花粉、蜂王浆、蜂胶等系列30多个品种的主营产品。其销售网络遍布全国各地，每年向上百万的消费者提供优质的天然……
新闻动态| NEWS
更多
花公子蜂业喜获老字号优秀企业奖
公司派出人员参加广东惠州“互联网+农业”研讨会
第三届丝绸之路国际食品展
花公子蜂业参与e农计划对广东惠东县实施精准扶贫
惠州展会备受青睐
花公子参加第九届广东新春年货会
广东会员昆明一日游
花公子蜂蜜即日起推出买三送一活动
400电话 400-××××××××
xiaomifengwx
访客留言
QQ在线客服
QQ在线
最新蜂蜜| LATEST PRODUCT
更多

花公子蜂蜜
HUA GONG ZI FENG MI

图 3-25

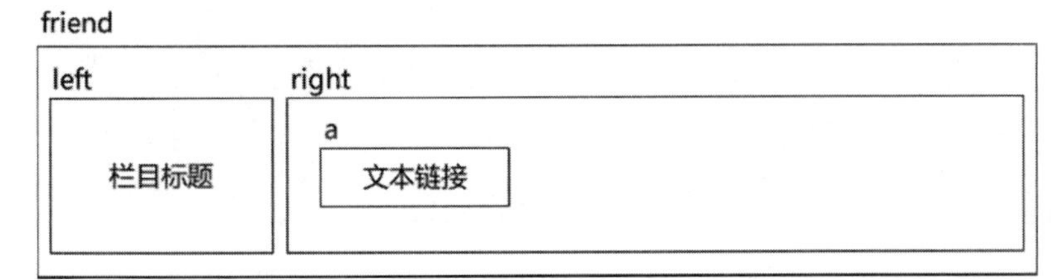

friend
left
right
a
栏目标题
文本链接

图 3-26

（3）编写版位结构和内容代码。

根据友情链接版位的 CSS 盒子模型，按照从外向里、从左向右的顺序逐层编写如下 HTML 代码。

```
<div class="friend">
    <div class="left">友<br />情<br />链<br />接</div>
    <div class="right">
        <a href="#">花公子天猫旗舰店</a>
        <a href="#">花公子蜂业科技有限公司</a>
        <a href="#">淘小蜜科技</a>
        <a href="#">追蜂科技有限公司</a>
        <a href="#">中国蜂蜜网</a>
        <a href="#">花公子淘宝店</a>
        <a href="#">养蜂学堂</a>
        <a href="#">花公子拼多多店</a>
        <a href="#">指尖科技有限公司</a>
        <a href="#">养蜂论坛</a>
    </div>
</div>
```

（4）编写 CSS 代码。

根据友情链接版位的 CSS 盒子模型，按照从外向里、从左向右的顺序逐层编写如下 CSS 代码。

```
.friend{
    width:1000px;height:89px;margin-left:auto;margin-right:auto;margin-top:8px;
    border:1px solid #CCCCCC;background:#FFF;}
.friend .left{
    width:36px;height:79px;float:left;background:#00B22D;margin-left:4px;margin-top:4px;
    font-family:微软雅黑;font-size:13px;color:#FFF;text-align:center;font-weight:bold;
    padding-top:3px;}
.friend .right{
    height:88px;width:950px;float:right;}
.friend .right a{
    display:block;float:left;width:187px;height:30px;line-height:30px;text-align:center;
    margin-top:8px;margin-left:1px;color:#666;font-size:13px;}
.friend .right a:hover{
    background:#F60;color:#FFF;}
```

此时，“首页”版面的效果如图 3-27 所示。

图 3-27

7. 页脚版位切图

（1）分析版位。

根据版面源文件，页脚版位最外层只有一个盒子，但不对其宽度进行控制，让其适应屏幕宽度；通过第二层盒子使该版位的内容在版面主体宽度范围内呈现；第三层盒子左、右各有一个，左边的盒子用于输出页脚信息，右边的盒子用于输出微信公众号二维码图片。根据CSS 盒子模型原理，页脚版位的 CSS 盒子模型如图 3-28 所示。

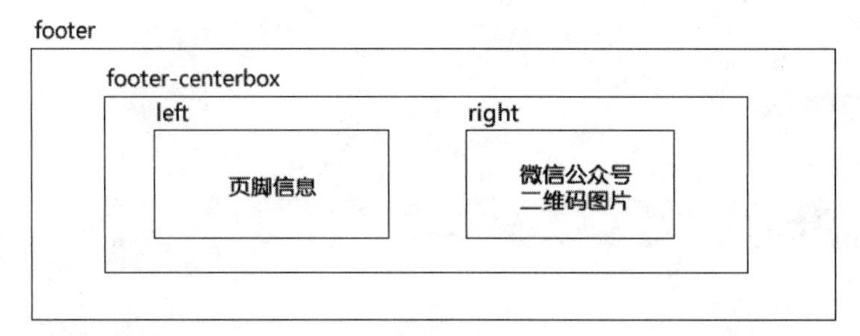

图 3-28

（2）切出（或导出）版位图片。

通过分析版面源文件可知，页脚版位需要切出（或导出）的图片为微信公众号二维码图片，如图 3-29 所示。

图 3-29

（3）编写版位结构和内容代码。

根据页脚版位的 CSS 盒子模型，按照从外向里、从左向右的顺序逐层编写如下 HTML 代码。

```
<div class="footer">
    <div class="footer-centerbox">
        <div class="left">
            公司地址：广东省惠州市惠城区马安镇新乐工业区<br />
            Copyright ©2020 花公子蜂业科技有限公司    All rights reserved.<br />
            联系电话：400-×××××××    电子邮箱：huagongzi@163.com<br />
            备案号：粤 ICP 备 000000 号
        </div>
        <div class="right">
            <img src="images/ewm.jpg" width="96" height="96">
        </div>
    </div>
</div>
```

（4）编写 CSS 代码。

根据页脚版位的 CSS 盒子模型，按照从外向里、从左向右的顺序逐层编写如下 CSS 代码。

```
.footer{
    height:250px;background:#00B22D;margin-top:8px;}
.footer .footer-centerbox{
    height:250px;width:1000px;margin:0 auto;}
```

```
.footer .footer-centerbox .left{
    height:180px;float:left;color:#FFF;font-size:13px;line-height:25px;
    padding-top:70px;padding-left:100px;
    }
.footer .footer-centerbox .right{
    height:250px;float:right;padding-right:100px;}
.footer .footer-centerbox .right img{
    margin-top:77px;}
```

页脚版位的CSS代码编写完成后，整个“首页”版面的“切图”顺利完成，此时，“首页”版面的效果如图3-30所示。

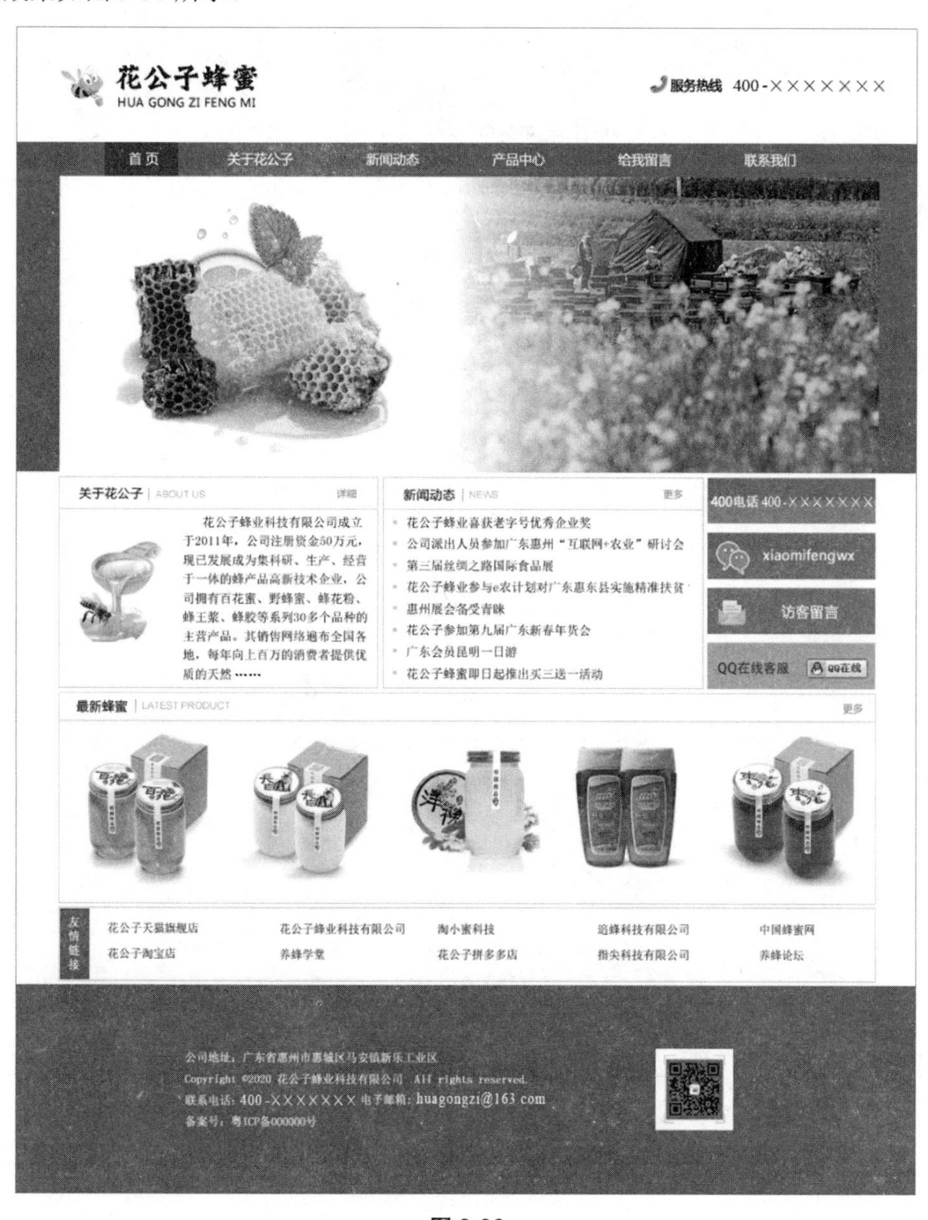

图 3-30

3.2.2 “关于花公子页”版面切图

“关于花公子页”版面的页头、导航、banner、友情链接、页脚版位与“首页”版面相对应的版位相同。因此，该版面只需“切”主体部分即可。

1. 分析版位

通过分析“关于花公子页”版面主体部分版位，根据CSS盒子模型原理，得出该版面主体版位的CSS盒子模型，如图3-31所示。

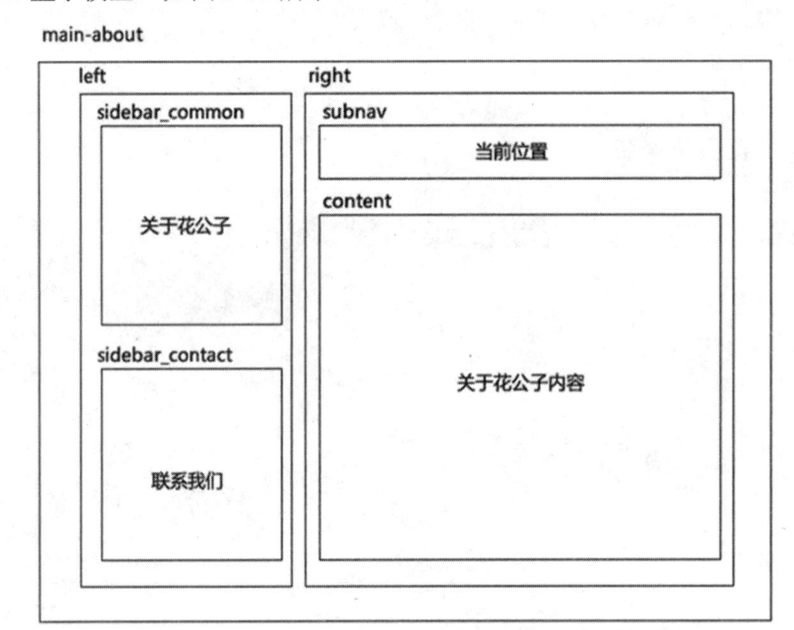

图3-31

2. 切出（或导出）版位图片

通过分析版面源文件可知，“关于花公子页”版面的主体版位需要切出（或导出）的图片为3个图标（图片的文件名分别是icon-about.png、icon-bee.png、icon-contact.png），如图3-32所示。

图3-32

3. 编写版位结构和内容代码

根据“关于花公子页”版面主体版位的CSS盒子模型，按照从外向里、从左向右的顺序逐层编写如下HTML代码。

```
<!-- “关于花公子页”版面主体版位 main-about-->
<div class="main-about">
    <div class="left">
```

```
        <div class="sidebar_common">
            <div class="cattitle">关于花公子</div>
            <div class="catcontent">
                <div class="item"> <a class="right" href="#">企业荣耀</a> </div>
                <div class="item"> <a class="right" href="#">企业视频</a> </div>
                <div class="item"> <a class="right" href="#">企业场景</a> </div>
                <div class="item"> <a class="right" href="#">组织机构</a> </div>
                <div class="item"> <a class="right" href="#">公司概况</a> </div>
            </div>
        </div>
        <div class="sidebar_contact">
            <div class="cattitle">联系我们</div>
            <div class="catcontent">
                <div class="item">地址：广东省惠州市惠城区</div>
                <div class="item">服务热线：400-×××××××</div>
                <div class="item">网址：http://www.×××.com</div>
                <div class="item">电子邮箱：huagongzi@163.com</div>
                <div class="item">QQ：123456789 </div>
                <div class="item">微信：xiaomifengwx</div>
            </div>
        </div>
    </div>
    <div class="right">
        <div class="subnav">您现在的位置：
            <a href="#">首页</a>><a href="#">公司概况</a></div>
        <div class="content">
            <p>花公子蜂业科技有限公司成立于 2011 年，公司注册资金 50 万元，现已发展成为集科研、生产、经营于一体的蜂产品高新技术企业，公司拥有百花蜜、野蜂蜜、蜂花粉、蜂王浆、蜂胶等系列 30 多个品种的主营产品。其销售网络遍布全国各地，每年向上百万的消费者提供优质的天然蜂产品和保健食品，为消费者的身体健康提供了值得信赖的服务。公司一直以来贯彻“自然、创新、优质”的产品创造原则，并以此原则来指导科研和生产过程中的所有行为。</p>
            <p>公司拥有按照 GMP 标准建设的现代化大型蜂产品加工基地；拥有先进的检测仪器、理化实验室、生产加工设备和配套冷藏设施，保证了检测手段齐备、加工能力强、产品品质起点高，实现了与国家标准以及国际标准的对接。拥有高科技的现代化蜂蜜浓缩生产线、蜂蜜灌装生产线、全自动果冻王浆生产线、硬胶囊生产线、颗粒花粉及破壁花粉生产线等多条蜂产品生产线。产品能够满足国家标准、日本标准、美国标准、欧盟标准等要求。</p>
            <p>公司目前致力于蜂产品在保健、美食和蜂疗等多方面的研究和应用。</p>
            <p>公司的网址为 http://www.×××.com，免费咨询热线为 400-×××××××。</p>
        </div>
    </div>
</div>
```

4. 编写CSS代码

根据“关于花公子页”版面主体版位的CSS盒子模型，按照从外向里、从左向右的顺序逐层编写如下CSS代码。

```
/*“关于花公子页”样式-------------------------------------------------*/
.main-about{
    height:auto;overflow:hidden;width:1000px;margin:8px auto;}
.main-about>.left{
    float:left;width:215px;}
    /*关于花公子版位*/
.sidebar_common{
    height:auto;border:1px solid #CCCCCC;clear:both;background:#FFF;}
.sidebar_common .cattitle{
    height:40px;line-height:40px;border-bottom:1px solid #CCCCCC;font-family:微软雅黑;
    font-size:15px;font-weight:bold; padding-left:55px;margin:1px 1px 0px;
    background:url(../images/icon-about.png) 20px center no-repeat #B5E6A8;}
.sidebar_common .catcontent{
    height:auto;}
.sidebar_common .catcontent .item{
    height:40px;line-height:40px;font-size:14px;font-family:微软雅黑;
    background: url(../images/icon-bee.png) 10px center no-repeat;padding-left:30px;}
.sidebar_common .catcontent .item a{
    color:#000000;}
.sidebar_common .catcontent .item a:hover{
    color:#00B22D;}
    /*联系我们版位*/
.sidebar_contact{
    min-height:250px;border:1px solid #CCCCCC;margin-top:8px;background:#FFF;}
.sidebar_contact .cattitle{
    height:40px;line-height:40px;border-bottom:1px solid #CCCCCC;font-family:微软雅黑;
    font-size:15px;font-weight:bold; padding-left:55px;margin:1px 1px 0px;
    background:url(../images/icon-contact.png) 20px center no-repeat #B5E6A8;}
.sidebar_contact .catcontent{
    min-height:210px;}
.sidebar_contact .catcontent .item{
    min-height:32px;line-height:32px;text-align:left;padding-left:15px;font-size:13px;}
    /*公司概况版位*/
.main-about>.right{
    min-height:510px;height:auto;border:1px solid #CCCCCC;width:775px;float:right;
    background:#FFF;}
.subnav{
    height:40px;line-height:40px;border-bottom:1px solid #CCCCCC;padding-left:10px;
    font-size:14px;}
.subnav a{
```

```
    color:#000;}
.main-about>.right .content{
    padding:20px;font-size:15px;line-height:23px;text-indent:2em;}
```

"关于花公子页"版面主体版位的CSS代码编写完成后，该版面的"切图"顺利完成，此时"关于花公子页"版面的效果如图3-33所示。

图 3-33

3.2.3 “新闻动态栏目列表页”版面切图

“新闻动态栏目列表页”版面的页头、导航、banner、友情链接、页脚版位与“首页”版面相对应的版位相同。因此，该版面只需“切”主体部分即可。

1. 分析版位

通过分析“新闻动态栏目列表页”版面主体部分版位，根据 CSS 盒子模型原理，得出该版面主体版位的 CSS 盒子模型，如图 3-34 所示。

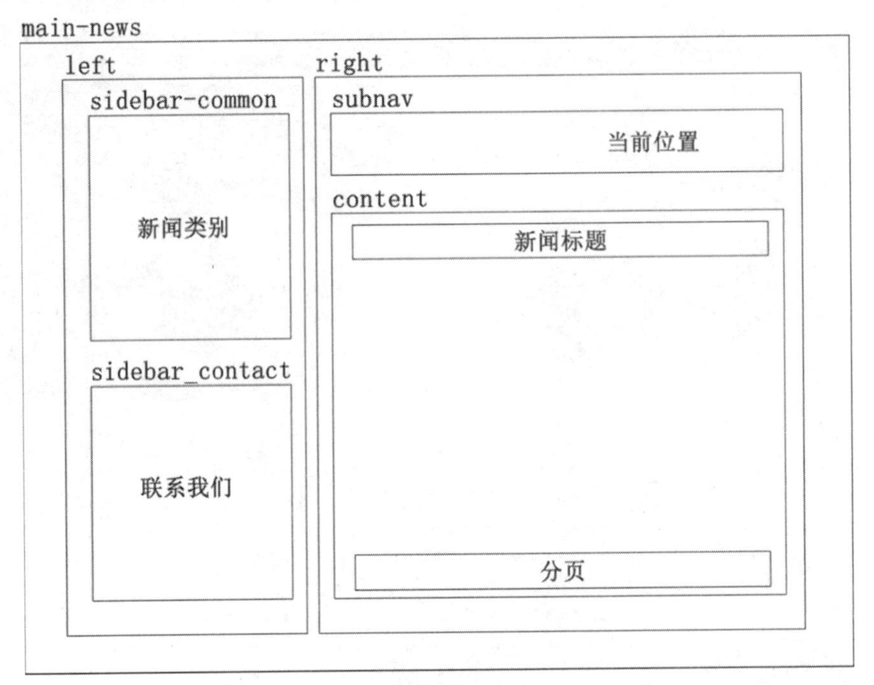

图 3-34

2. 切出（或导出）版位图片

通过分析版面源文件可知，“新闻动态栏目列表页”版面主体版位需要切出（或导出）的图片与“关于花公子页”版面主体部分的一致，这里不再重复操作。

3. 编写版位结构和内容代码

根据“新闻动态栏目列表页”版面主体版位的 CSS 盒子模型，按照从外向里、从左向右的顺序逐层编写如下 HTML 代码。

```
<!--“新闻动态栏目列表页”版面主体版位 main-news-->
<div class="main-news">
    <div class="left">
        <div class="sidebar_common" >
            <div class="cattitle">新闻类别</div>
            <div class="catcontent">
                <div class="item">
```

```
                    <div class="left">
                        <img src="images/icon-bee.png" width="20" height="24" />
                    </div>
                    <a class="right" href="#">企业新闻</a>
                </div>
                <div class="item">
                    <div class="left">
                        <img src="images/icon-bee.png" width="20" height="24" />
                    </div>
                    <a class="right" href="#">行业新闻</a>
                </div>
            </div>
        </div>
        <div class="sidebar_contact">
            <div class="cattitle">联系我们</div>
            <div class="catcontent">
                <div class="item">地址：广东省惠州市惠城区</div>
                <div class="item">服务热线：400-×××××××</div>
                <div class="item">网址：http://www.×××.com</div>
                <div class="item">电子邮箱：huagongzi@163.com</div>
                <div class="item">QQ：123456789 </div>
                <div class="item">微信：xiaomifengwx</div>
            </div>
        </div>
</div>
<div class="right">
    <div class="subnav">
        您现在的位置：<a href="#">首页</a>><a href="#">新闻动态</a>
    </div>
    <div class="content">
        <div class="row">
            <a href="#">花公子蜂业科技有限公司召开 2020 年销售业务研讨会</a>
            <div class="pubdate">2020-8-10</div>
        </div>
        <!--其他文章标题请读者自行根据版面图标题罗列出来-->
        <div class="page">
            <a href="#">尾页</a>
            <a href="#">下一页</a>
            <a href="#">2</a>
            <a href="#">1</a>
```

```
                <a href="#">上一页</a>
                <a href="#">首页</a>
                <a href="#">16 条</a>
            </div>
        </div>
    </div>
</div>
```

4. 编写CSS代码

根据“新闻动态栏目列表页”版面主体版位的CSS盒子模型，按照从外向里、从左向右的顺序逐层编写如下CSS代码。

```
/*“新闻动态栏目列表页”样式-------------------------------------------*/
.main-news{
    height:auto;overflow:hidden;width:1000px;margin:8px auto;}
.main-news>.left{
    float:left;width:215px;}
.main-news>.right{
    min-height:382px;height:auto;border:1px solid #CCCCCC;width:775px;float:right;
    background:#FFF;}
.main-news>.right .row{
    height:30px;border-bottom:1px dotted #CCCCCC;width:98%;margin:0 auto;}
.main-news>.right .row a{
    display:block;height:30px;line-height:30px;width:500px;float:left;color:#000;
    font-size:13px;padding-left:20px;}
.main-news>.right .row .pubdate{
    height:30px;line-height:30px;width:80px;float:right;font-size:13px;text-align:left;
    margin-right:10px;}
.page{
    height:30px;padding-right:30px;clear:both;}
.page a{
    display:block;float:right;height:18px;line-height:18px;margin-top:6px;font-size:14px;
    padding-left:2px;padding-right:2px;color:#666;margin-left:4px;}
```

“新闻动态栏目列表页”版面主体版位的CSS代码编写完成后，该版面的“切图”顺利完成，此时“新闻动态栏目列表页”的版面效果如图3-35所示。

图 3-35

3.2.4 “新闻动态内容页”版面切图

“新闻动态内容页”版面的页头、导航、banner、友情链接、页脚版位与“首页”版面相对应的版位相同，版面主体左侧的新闻类别版位和联系我们版位与“新闻动态栏目列表页”

版面相对应的版位相同。因此，该版面只需“切”版面主体右侧的新闻内容版位即可。

1. 分析版位

通过分析“新闻动态内容页”版面主体部分版位，根据 CSS 盒子模型原理，得出该版面主体版位的 CSS 盒子模型，如图 3-36 所示。

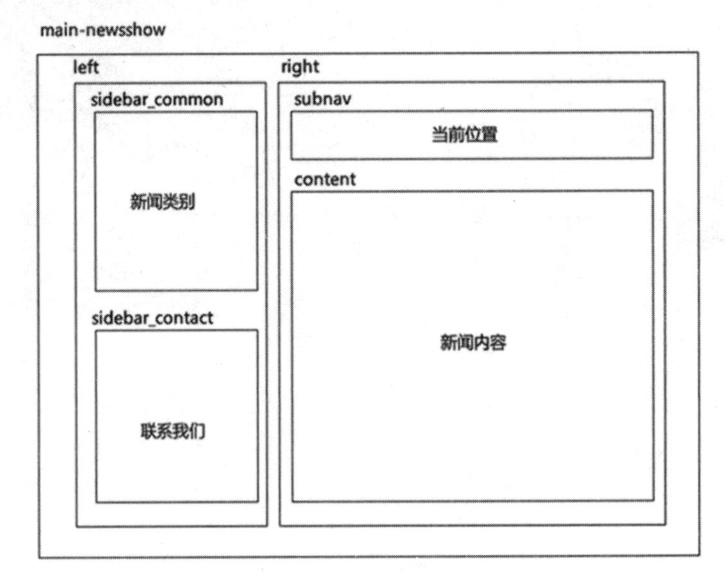

图 3-36

2. 切出（或导出）版位图片

通过分析版面源文件可知，“新闻动态内容页”版面主体版位需要切出（或导出）的图片与“关于花公子页”版面主体部分的一致，这里不再重复操作。

3. 编写版位结构和内容代码

根据“新闻动态内容页”版面主体版位的 CSS 盒子模型，按照从外向里、从左向右的顺序逐层编写如下 HTML 代码。

```
<!--“新闻动态内容页”版面主体版位 main-newsshow-->
<div class="main-newsshow">
    <div class="left">
        <div class="sidebar_common" >
            <div class="cattitle">新闻类别</div>
            <div class="catcontent">
                <div class="item"> <a   href="#">企业新闻</a> </div>
                <div class="item"> <a   href="#">行业新闻</a> </div>
            </div>
        </div>
        <div class="sidebar_contact">
            <div class="cattitle">联系我们</div>
            <div class="catcontent">
```

```
                <div class="item">地址：广东省惠州市惠城区</div>
                <div class="item">服务热线：400-×××××××</div>
                <div class="item">网址：http://www.×××.com</div>
                <div class="item">电子邮箱：huagongzi@163.com</div>
                <div class="item">QQ：123456789 </div>
                <div class="item">微信：xiaomifengwx</div>
            </div>
        </div>
    </div>
    <div class="right">
        <div class="subnav">您现在的位置：<a href="#">首页</a>><a href="#">新闻动态</a>><a href="#">企业新闻</a></div>
        <div class="content">
            <div class="title">花公子蜂业科技有限公司召开 2019 年年终总结会</div>
            <div class="comefrom">来源：本站　发布时间：2019-12-28</div>
            <div class="detail">2019 年 12 月 28 日，花公子蜂业科技有限公司召开了 2019 年年终总结会议。会议在李总的主持下有序进行。首先各部门负责人对 2019 年的工作情况做了汇报，并对 2020 年的工作进行了预期展望。回首 2019 年的各项工作，既有收获，也有不足，希望在 2020 年能够加以完善，扬长避短，把最好的状态投入到工作中去。听取汇报期间，余总安排了一些互动环节，给大家介绍新同事，听听同事们在过去一年里在工作和家庭上的改变，使会议变得更加轻松、有爱。随后，沈总给大家做了精彩的演讲。沈总分别从公司管理、制度管理和流程管理三个方面对如何做好工作进行了阐述，总结为“方向到位+跑到位+做到位+沟通到位=成功”，在为大家指明奋斗方向的同时，让大家对未来充满信心。希望在 2020 年我们能齐心协力，打造属于花公子蜂业的辉煌神话！ </div>
        </div>
    </div>
</div>
```

4. 编写 CSS 代码实现

根据“新闻动态内容页”版面主体版位的 CSS 盒子模型，按照从外向里、从左向右的顺序逐层编写如下 CSS 代码。

```
/*“新闻动态内容页”样式------------------------------------------------------------*/
.main-newsshow{
    height:auto;overflow:hidden;width:1000px;margin:8px auto;}
.main-newsshow>.left{
    float:left;width:215px;}
.main-newsshow>.right{
    min-height:510px;height:auto;border:1px solid #CCCCCC;width:775px;float:right;
    background:#FFF;}
.main-newsshow>.right .content{
    padding:20px;}
.main-newsshow>.right .content .title{
    height:30px;line-height:30px;font-weight:bold;font-size:15px;text-align:center;}
.main-newsshow>.right .content .comefrom{
    height:22px;line-height:22px;text-align:center;font-size:13px;}
```

```
.main-newsshow>.right .content .detail{
    padding:20px;font-size:15px;line-height:23px;text-indent:2em;}
```

“新闻动态内容页”版面主体版位的 CSS 代码编写完成后，该版面的“切图”顺利完成，此时“新闻动态内容页”的版面效果如图 3-37 所示。

图 3-37

3.2.5 “产品中心栏目列表页”版面切图

“产品中心栏目列表页”版面的页头、导航、banner、友情链接、页脚版位与“首页”版面相对应的版位相同，版面主体左侧的联系我们版位与“关于花公子页”版面相对应的版位相同，因此，该版面只需“切”版面主体左侧的产品类别版位和右侧产品缩略图列表版位即可。

1. 分析版位

通过分析“产品中心栏目列表页”版面主体部分版位，根据CSS盒子模型原理，得出该版面主体版位的CSS盒子模型，如图3-38所示。

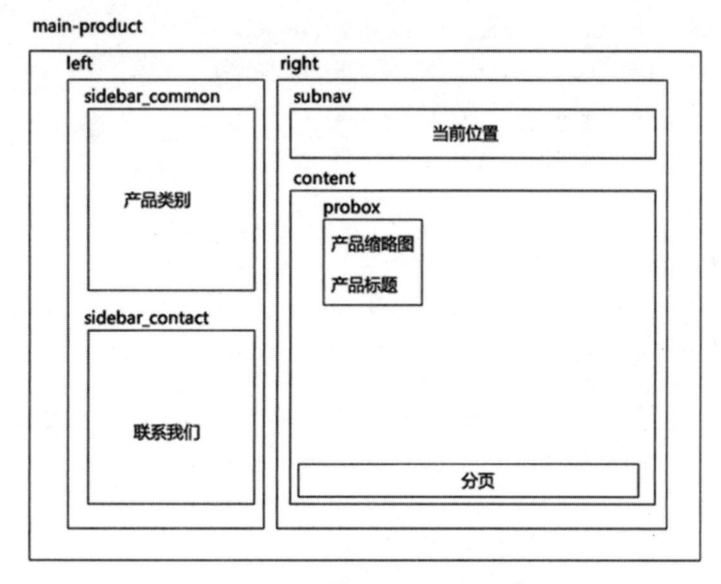

图3-38

2. 切出（或导出）版位图片

通过分析版面源文件可知，“产品中心栏目列表页”版面主体版位的产品缩略图与“首页”版面最新蜂蜜版位的产品缩略图一致，这里不再重复操作，因此，该版位只需切出（或导出）产品背景图即可，如图3-39所示（图片文件名为pro_bg.jpg）。

图3-39

3. 编写版位结构和内容代码

根据“产品中心栏目列表页”版面主体版位的 CSS 盒子模型，按照从外向里、从左向右的顺序逐层编写如下 HTML 代码。

```
<!--“产品中心栏目列表页”版面主体版位 main-product-->
<div class="main-product">
    <div class="left">
        <div class="sidebar_common" >
            <div class="cattitle">产品类别</div>
            <div class="catcontent">
                <div class="item"> <a href="#">百花蜜</a> </div>
                <div class="item"> <a href="#">龙眼蜜</a> </div>
                <div class="item"> <a href="#">椴树蜜</a> </div>
                <div class="item"> <a href="#">黄连蜜</a> </div>
                <div class="item"> <a href="#">橙花蜜</a> </div>
            </div>
        </div>
        <div class="sidebar_contact">
            <div class="cattitle">联系我们</div>
            <div class="catcontent">
                <div class="item">地址：广东省惠州市惠城区</div>
                <div class="item">服务热线：400-×××××××</div>
                <div class="item">网址：http://www.×××.com</div>
                <div class="item">电子邮箱：huagongzi@163.com</div>
                <div class="item">QQ：123456789 </div>
                <div class="item">微信：xiaomifengwx</div>
            </div>
        </div>
    </div>
    <div class="right">
        <div class="subnav">您现在的位置：
            <a href="#">首页</a>><a href="#">产品中心</a></div>
        <div class="content">
            <div class="probox"> <a   class="thumbnail" href="#">
                <img src="images/pro1.jpg" width="162" height="177"></a>
                <a class="title"   href="#">百花蜜蜂浆 600g</a> </div>
            <div class="probox"> <a   class="thumbnail" href="#">
                <img src="images/pro2.jpg" width="162" height="177"></a>
                <a class="title"   href="#">百花蜜王浆 600g</a> </div>
            <div class="probox"> <a   class="thumbnail" href="#">
                <img src="images/pro3.jpg" width="162" height="177"></a>
                <a class="title"   href="#">洋槐蜜王浆 1500g</a> </div>
```

```
            <div class="probox"> <a    class="thumbnail" href="#">
                <img src="images/pro4.jpg" width="162" height="177"></a>
                <a class="title"    href="#">野菊花蜜蜂浆 800g</a> </div>
            <div class="probox"> <a    class="thumbnail" href="#">
                <img src="images/pro5.jpg" width="162" height="177"></a>
                <a class="title"    href="#">枣花蜜蜂浆 600g</a> </div>
            <div class="probox"> <a    class="thumbnail" href="#">
                <img src="images/pro1.jpg" width="162" height="177"></a>
                <a class="title"    href="#">百花蜜王浆 600g</a> </div>
            <div class="probox"> <a    class="thumbnail" href="#">
                <img src="images/pro2.jpg" width="162" height="177"></a>
                <a class="title"    href="#">百花蜜王浆 600g</a> </div>
            <div class="probox"> <a    class="thumbnail" href="#">
                <img src="images/pro3.jpg" width="162" height="177"></a>
                <a class="title"    href="#">洋槐蜜王浆 1500g</a> </div>
            <div class="probox"> <a    class="thumbnail" href="#">
                <img src="images/pro4.jpg" width="162" height="177"></a>
                <a class="title"    href="#">野菊花蜜蜂浆 800g</a> </div>
            <div class="page">
                <a href="#">尾页</a>
                <a href="#">下一页</a>
                <a href="#">2</a>
                <a href="#">1</a>
                <a href="#">上一页</a>
                <a href="#">首页</a>
                <a href="#">16 条</a> </div>
        </div>
    </div>
</div>
```

4. 编写 CSS 代码

根据“产品中心栏目列表页”版面主体版位的 CSS 盒子模型，按照从外向里、从左向右的顺序逐层编写如下 CSS 代码。

```
/*“产品中心栏目列表页”样式--------------------------------------------------*/
.main-product{
    height:auto;overflow:hidden;width:1000px;margin:8px auto;}
.main-product>.left{
    float:left;width:215px;}
.main-product>.right{
    min-height:382px;height:auto;border:1px solid #CCCCCC;width:775px;float:right;
    background:#FFF;}
.main-product>.right .content{
```

```
    margin-bottom:10px;}
.main-product>.right .content .probox{
    float:left;width:203px;height:227px;background:url(../images/pro_bg.jpg) center bottom no-repeat;margin-left:40px;margin-top:40px;}
.main-product>.right .content .probox .thumbnail{
    display:block;height:177px;text-align:center;padding-top:2px;color:#000;}
.main-product>.right .content .probox .title{
    display:block;height:45px;line-height:40px;font-size:12px;text-align:center;color:#000;}
```

“产品中心栏目列表页”版面主体版位的 CSS 代码编写完成后，该版面的“切图”顺利完成，此时“产品中心栏目列表页”的版面效果如图 3-40 所示。

图 3-40

3.2.6 “产品中心内容页”版面切图

“产品中心内容页”版面的页头、导航、banner、友情链接、页脚版位与“首页”版面相对应的版位相同，版面主体左侧的产品类别版位、联系我们版位与产品中心栏目列表页版面相对应的版位相同。因此，该版面只需“切”版面主体右侧的产品详情版位即可。

1. 分析版位

通过分析“产品中心内容页”版面主体部分版位，根据CSS盒子模型原理，得出该版面主体版位的CSS盒子模型，如图3-41所示。

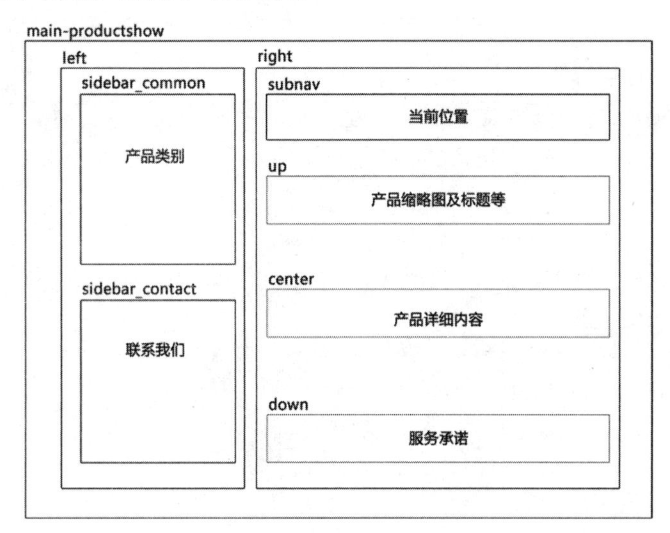

图3-41

2. 切出（或导出）版位图片

通过分析版面源文件可知，“产品中心内容页”版面主体右侧版位需要切出（或导出）的图片有产品内容页图片，如图3-42所示（图片文件名为baihua.jpg）；花公子专享服务承诺图片，如图3-43所示（图片文件名为service.jpg）。

图3-42

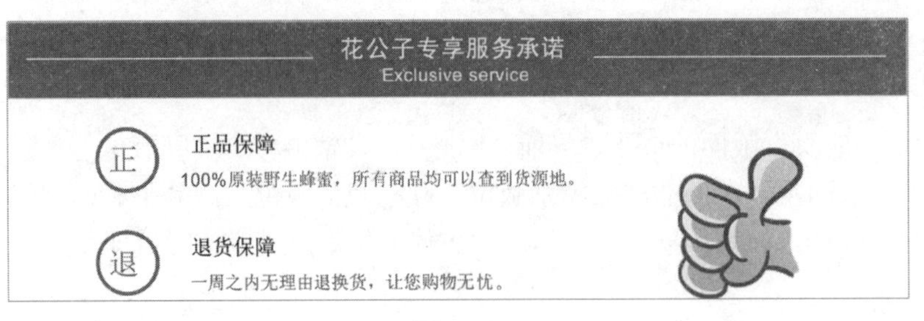

图 3-43

3. 编写版位结构和内容代码

根据“产品中心内容页”版面主体版位的CSS盒子模型，按照从外向里、从左向右的顺序逐层编写如下HTML代码。

```
<!--“产品中心内容页”版面主体版位 main-produceshow-->
<div class="main-productshow">
    <div class="left">
        <div class="sidebar_common" >
            <div class="cattitle">产品类别</div>
            <div class="catcontent">
                <div class="item"><a href="#">百花蜜</a></div>
                <div class="item"><a href="#">龙眼蜜</a></div>
                <div class="item"><a href="#">椴树蜜</a></div>
                <div class="item"><a href="#">黄连蜜</a></div>
                <div class="item"><a href="#">橙花蜜</a>
            </div>
            </div>
        </div>
        <div class="sidebar_contact">
            <div class="cattitle">联系我们</div>
            <div class="catcontent">
                <div class="item">地址：广东省惠州市惠城区</div>
                <div class="item">服务热线：400-×××××××</div>
                <div class="item">网址：http://www.×××.com</div>
                <div class="item">电子邮箱：huagongzi@163.com</div>
                <div class="item">QQ：123456789 </div>
                <div class="item">微信：xiaomifengwx</div>
            </div>
         </div>
    </div>
    <div class="right">
        <div class="subnav">您现在的位置：
            <a href="#">首页</a>><a href="#">产品中心</a></div>
        <div class="up">
```

```
            <div class="left">
                <img src="images/pro1.jpg" width="162" height="177">
            </div>
            <div class="right">
                <span class="title">产品名称：百花蜜蜂浆 600g</span><br />
                产品类别：百花蜜<br />
                产品编号：s088<br />
                产品价格：¥88.00
            </div>
        </div>
        <div class="center">
            <div class="splite">
                <div>产品详情</div>
            </div>
            <div class="detail">
                <!--此处输出的是产品的详细内容-->
                <img src="images/baihua.jpg">.
            </div>
        </div>
        <div class="down">
            <img src="images/service.jpg" width="756"  height="227">
        </div>
    </div>
</div>
```

4. 编写 CSS 代码

根据“产品中心内容页”版面主体版位的 CSS 盒子模型，按照从外向里、从左向右的顺序逐层编写如下 CSS 代码。

```
.main-productshow{
    height:auto;overflow:hidden;width:1000px;margin:8px auto;}
.main-productshow>.left{
    float:left;width:215px;}
.main-productshow>.right{
    min-height:382px;height:auto;border:1px solid #CCCCCC;width:775px;float:right;
    background:#FFF;}
.main-productshow>.right .up{
    height:250px;}
.main-productshow>.right .up .left{
    height:250px;width:250px;float:left;text-align:center;margin-right:30px;}
.main-productshow>.right .up .left img{
    margin-top:36px;}
.main-productshow>.right .up .right{
    height:250px;padding-top:40px;font-size:16px;line-height:30px;}
```

```
.main-productshow>.right .up .right .title{
    font-size:17px;font-weight:bold;}
.main-productshow>.right .center{
    width:750px;margin:0 auto;}
.main-productshow>.right .center .splite{
    height:22px;border-bottom:1px solid #00B22D;}
.main-productshow>.right .center .splite div{
    height:22px;width:80px;background:#00B22D;line-height:22px;text-align:center;
    color:#FFF;font-size:14px;}
.main-productshow>.right .center .detail{
    line-height:25px;font-size:14px;text-align:center;}
.main-productshow>.right .down{
    text-align:center;}
```

“产品中心内容页”版面主体版位的CSS代码编写完成后，该版面的“切图”顺利完成，此时“产品中心内容页”的版面效果如图3-44所示。

图 3-44

3.2.7 “给我留言页”版面切图

“给我留言页”版面的页头、导航、banner、友情链接、页脚版位与“首页”版面相对应的版位相同，版面主体左侧的产品类别版位、联系我们版位与产品中心栏目列表页版面相对应的版位相同。因此，该版面只需“切”版面主体右侧的给我留言版位即可。

1. 分析版位

通过分析“给我留言页”版面主体部分版位，根据CSS盒子模型原理，得出该版面主体版位的CSS盒子模型，如图3-45所示。

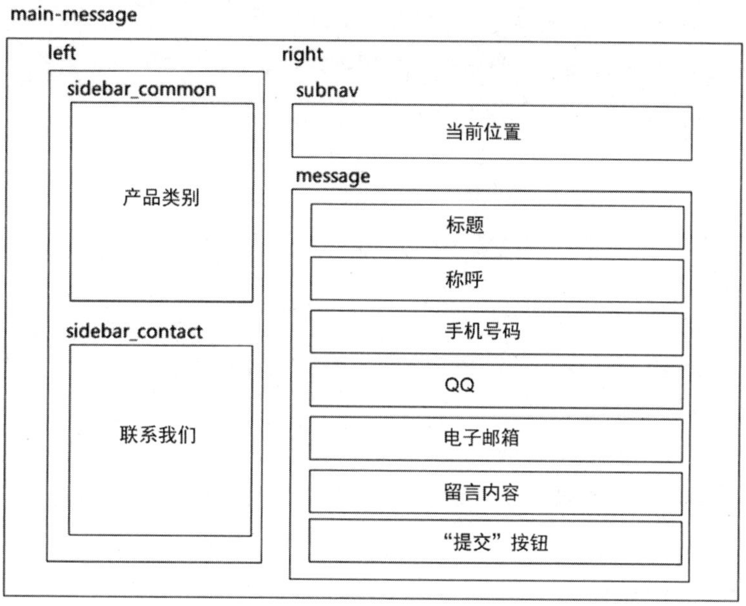

main-message
left
sidebar_common
产品类别
sidebar_contact
联系我们
right
subnav
当前位置
message
标题
称呼
手机号码
QQ
电子邮箱
留言内容
“提交”按钮

图3-45

2. 切出（或导出）版位图片

通过分析版面源文件可知，“给我留言页”版面主体右侧版位需要切出（或导出）的图片有“提交”按钮，如图3-46所示（图片文件名为submit.png）；“在线留言”图片，如图3-47所示（图片文件名为message.png）。

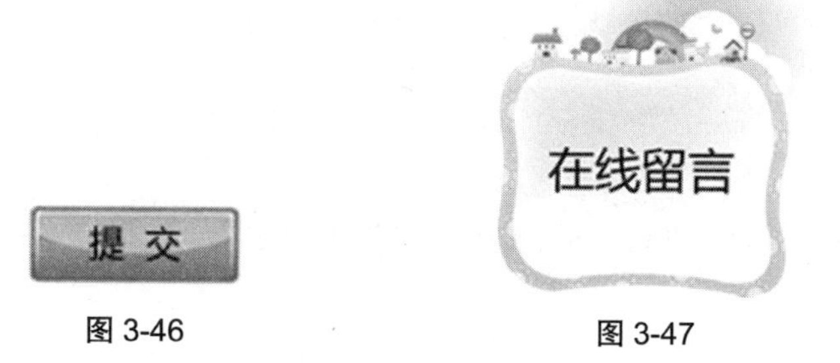

图3-46　　图3-47

3. 编写版位结构和内容代码

根据“给我留言页”版面主体版位的CSS盒子模型，按照从外向里、从左向右的顺序逐层编写如下HTML代码。

```
<!--“给我留言页”版面主体版位 main-message-->
<div class="main-message">
    <div class="left">
        <div class="sidebar_common" >
            <div class="cattitle">产品类别</div>
            <div class="catcontent">
                <div class="item"> <a href="#">百花蜜</a> </div>
                <div class="item"> <a href="#">龙眼蜜</a> </div>
                <div class="item"> <a href="#">椴树蜜</a> </div>
                <div class="item"> <a href="#">黄连蜜</a> </div>
                <div class="item"> <a href="#">橙花蜜</a> </div>
            </div>
        </div>
        <div class="sidebar_contact">
            <div class="cattitle">联系我们</div>
            <div class="catcontent">
                <div class="item">地址：广东省惠州市惠城区</div>
                <div class="item">服务热线：400-×××××××</div>
                <div class="item">网址：http://www.×××.com</div>
                <div class="item">电子邮箱：huagongzi@163.com</div>
                <div class="item">QQ：123456789 </div>
                <div class="item">微信：xiaomifengwx</div>
            </div>
        </div>
    </div>
    <div class="right">
        <div class="subnav">您现在的位置：
            <a href="#">首页</a>><a href="#">给我留言</a></div>
        <div class="message">
            <form name="form1" id="form1" action="" method="post">
                <ul>
                    <li class="title"><span class="must">*</span>标题：</li>
                    <li>
                        <input name="title" type="text" id="title">
                    </li>
```

```
                </ul>
                <ul>
                    <li class="title"><span class="must">*</span>称呼：</li>
                    <li>
                        <input name="name" type="text" id="name">
                    </li>
                </ul>
                <ul>
                    <li class="title">手机号码：</li>
                    <li>
                        <input name="tel" type="text" id="tel">
                    </li>
                </ul>
                <ul>
                    <li class="title">QQ：</li>
                    <li>
                        <input name="qq" type="text" id="qq">
                    </li>
                </ul>
                <ul>
                    <li class="title"><span class="must">*</span>电子邮箱：</li>
                    <li>
                        <input name="email" type="text" id="email">
                    </li>
                </ul>
                <ul class="ct">
                    <li class="title"><span class="must">*</span>留言内容：</li>
                    <li>
                        <textarea name="content" cols="70"
                        rows="5" id="content"></textarea>
                    </li>
                </ul>
                <div>
                    <input type="image" src="images/submit.png">
                </div>
            </form>
        </div>
    </div>
</div>
```

4. 编写 CSS 代码

根据“给我留言页”版面主体版位的 CSS 盒子模型，按照从外向里、从左向右的顺序逐层编写如下 CSS 代码。

```
/*“给我留言页”样式--------------------------------------------*/
.main-message{
    height:auto;overflow:hidden;width:1000px;margin:8px auto;}
.main-message>.left{
    float:left;width:215px;}
.main-message>.right{
    min-height:502px;height:auto;border:1px solid #CCCCCC;width:775px;float:right;
    background:#FFF url(../images/message.png) 500px 60px no-repeat;}
.message{
    margin-top:50px;width:775px;}
.message ul{
    height:40px;font-size:13px;list-style:none;}
.message ul li{
    height:40px;line-height:40px;float:left;}
.message ul li.title{
    width:150px;text-align:right;}
.message ul li.title .must{
    color:red;};
.message ul.ct{
    height:110px;border:1px solid red;}
.message ul.ct .title{
    height:110px;line-height:100px;}
.message ul.ct textarea{
    margin-top:10px;}
.message ul li input{
    height:25px;width:250px;}
.message div{
    clear:both;}
.message div input{
    margin-left:250px;}
```

“给我留言页”版面主体版位的 CSS 代码编写完成后，该版面的“切图”顺利完成，此时“给我留言页”的版面效果如图 3-48 所示。

花公子蜂蜜
HUA GONG ZI FENG MI

服务热线 400-×××××××
首页
关于花公子
新闻动态
产品中心
给我留言
联系我们
产品类别
百花蜜
龙眼蜜
椴树蜜
黄连蜜
橙花蜜
联系我们
地址：广东省惠州市惠城区
服务热线：400-×××××××
网址：http://www.×××.com
电子邮箱：huagongzi@163.com
QQ：123456789
微信：xiaomifengwx
您现在的位置：首页>给我留言
* 标题：
* 称呼：
手机号码：
QQ：
* 电子邮箱：
* 留言内容：
在线留言
提交
友情链接
花公子天猫旗舰店
花公子蜂业科技有限公司
淘小蜜科技
追蜂科技有限公司
中国蜂蜜网
花公子淘宝店
养蜂学堂
花公子拼多多店
指尖科技有限公司
养蜂论坛
公司地址：广东省惠州市惠城区马安镇新乐工业区
Copyright ©2020 花公子蜂业科技有限公司 All rights reserved.
联系电话：400-××××××× 电子邮箱：huagongzi@163.com
备案号：粤ICP备000000号

图 3-48

3.2.8 “联系我们页”版面切图

“联系我们页”版面与“关于花公子页”版面结构基本相同，不同的是“联系我们页”版面主体右侧多了一个联系我们 banner（横幅）。

1. 分析版位

通过分析“联系我们页”版面主体部分版位，根据 CSS 盒子模型原理，得出该版面主体版位的 CSS 盒子模型，如图 3-49 所示。

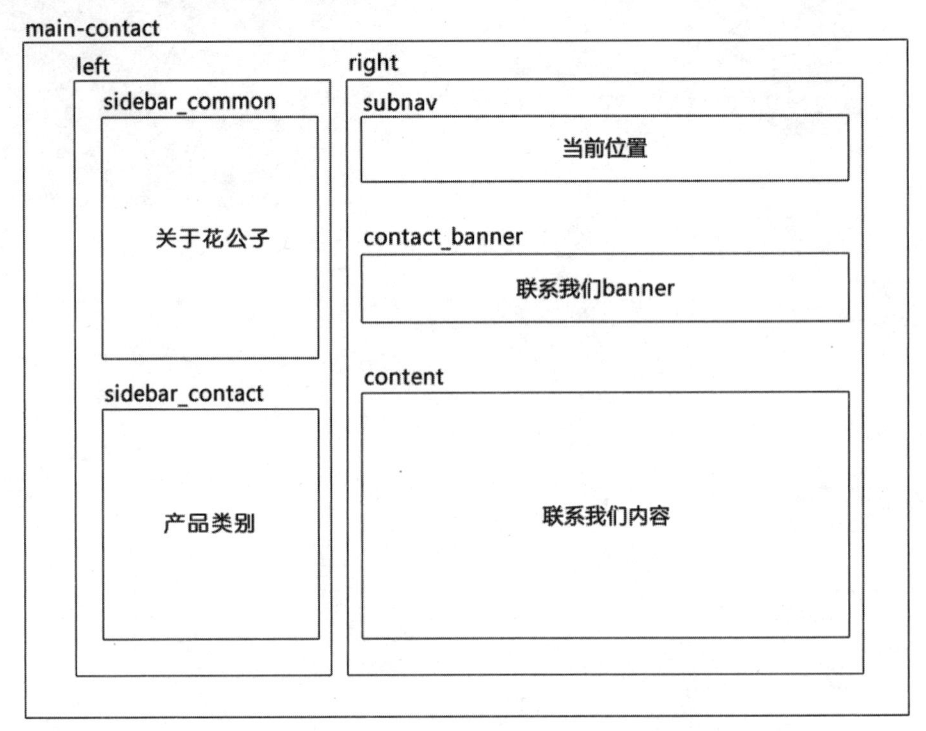

图 3-49

2. 切出（或导出）版位图片

通过分析版面源文件可知，“联系我们页”版面主体右侧版位需要切出（或导出）的图片如图 3-50 所示（图片文件名为 contact.jpg）。

图 3-50

3. 编写版位结构和内容代码

根据“联系我们页”版面主体版位的CSS盒子模型，按照从外向里、从左向右的顺序逐层编写如下HTML代码。

```
<!--“联系我们页”版面主体版位 main-contact-->
<div class="main-contact">
    <div class="left">
        <div class="sidebar_common">
            <!--此位置的代码与关于花公子页关于花公子版位的代码相同-->
        </div>
        <div class="sidebar_contact">
            <!--此位置的代码与产品中心栏目列表页产品类别版位的代码相同-->
        </div>
    </div>
    <div class="right">
        <div class="subnav">
            您现在的位置：<a href="#">首页</a>><a href="#">联系我们</a>
        </div>
        <div class="contact_banner">
            <img src="images/contact.jpg">
        </div>
        <div class="content">
            <!--联系我们内容-->
        </div>
    </div>
</div>
```

4. 编写CSS代码

根据“联系我们页”版面主体版位的CSS盒子模型，按照从外向里、从左向右的顺序逐层编写如下CSS代码。

```
.main-contact{
    height:auto;overflow:hidden;width:1000px;margin:8px auto;}
.main-contact>.left{
    float:left;width:215px;}
.main-contact>.right{
    min-height:502px;height:auto;border:1px solid #CCCCCC;width:775px;float:right;
    background:#FFF url(../images/message.png) 500px 60px no-repeat;}
.main-contact>.right .contact_banner{
    height:212px;text-align:center;}
.main-contact>.right .content{
    padding:20px;font-size:14px;line-height:25px;}
```

“联系我们页”版面主体版位的CSS代码编写完成后，该版面的“切图”顺利完成，此时“联系我们页”的版面效果如图3-51所示。

花公子蜂蜜
HUA GONG ZI FENG MI

服务热线 400-×××××××

首页　关于花公子　新闻动态　产品中心　给我留言　联系我们

关于花公子

- 企业荣耀
- 企业视频
- 企业场景
- 组织机构
- 公司概况

产品类别

- 百花蜜
- 龙眼蜜
- 椴树蜜
- 黄连蜜
- 橙花蜜

您现在的位置：首页>联系我们

主办单位：花公子蜂业科技有限公司
地址：广东省惠州市惠城区
服务热线：400-×××××××
网址：www.×××.com
电子邮箱：huagongzi@163.com
QQ：123456789
微信：xiaomifengwx

友情链接

花公子天猫旗舰店	花公子蜂业科技有限公司	淘小蜜科技	追蜂科技有限公司	中国蜂蜜网
花公子淘宝店	养蜂学堂	花公子拼多多店	指尖科技有限公司	养蜂论坛

公司地址：广东省惠州市惠城区马安镇新乐工业区
Copyright ©2020 花公子蜂业科技有限公司 All rights reserved.
联系电话：400-××××××× 电子邮箱：huagongzi@163.com
备案号：粤ICP备000000号

图 3-51

3.3 经验分享

（1）“切图”是网页设计师（美工）需掌握的核心技能，要做到快速“切图”，首先要熟悉CSS代码，关键要理解CSS盒子模型原理和浮动原理。

（2）若在页面中需根据内容来调整盒子的高度，可配合使用“height:auto;overflow:hidden;”。同时，为了避免内容过少而影响页面效果，还可以引入“min-height”属性来设置页面的最小高度。

（3）在页面布局中，若遇到与盒子位置相关的问题，能用边距实现的尽量使用边距，若实现不了，则需使用定位知识，其中，定位的基准是关键。

（4）在某些版位中，可能需使用图片文字滚动、图片放大等特效，因此网页设计师需学会应用常见的JavaScript特效。

（5）想要学会盒子尺寸的计算方法，需理解内边距padding属性的定义。例如，若某盒子设置了左内边距为20px，为了使盒子原宽度不变，则盒子的宽度需减去20px。

3.4 技能训练

根据智网电子贸易有限公司门户网站版面，使用“切图”知识和技术制作出相应的Web页面（即静态页面）。

任务4　搭建企业网站开发环境

知识目标

- 了解 PHP 运行环境。
- 了解 PHP 代码编辑工具。
- 了解 PHP 集成开发环境。
- 理解 PHP 程序运行原理。

技能目标

- 能够使用 PHP 集成开发环境搭建企业网站的运行环境。
- 能够熟练使用常用的开发工具。
- 能够在 Apache 服务器上配置文件和管理端口，以及配置虚拟目录和虚拟主机。

任务概述

- 任务内容：搭建花公子蜂业科技有限公司门户网站项目的运行环境；安装 PHP 代码编辑工具。
- 参与人员：网站程序员。

4.1　知识准备

4.1.1　PHP 运行环境

俗话说“工欲善其事，必先利其器”。在开发网站项目之前，首先需要搭建项目的运行环境。学习者通常是在 Windows 平台上搭建运行环境的，PHP 网站运行过程涉及 3 个重要的组件——PHP、Apache 和 MySQL，有自定义安装和集成安装两种安装方式。其中，自定义安装需逐个安装并配置上述 3 个组件；而集成安装非常简单，只需下载 PHP 集成开发环境安装包并安装即可。下面对 PHP、Apache 和 MySQL 分别进行简要介绍。

1. PHP 简介

PHP 是 Hypertext Preprocessor（超文本预处理器）的缩写，它是一种通用开源脚本语言，主要用于开发动态网站及服务器应用程序。它由 Rasmus Lerdor 在 1994 年创建。开发人员已经对 PHP 进行了多次编写与改进，其发展非常迅速，目前最新的版本为 PHP7，它与 Linux、Apache 和 MySQL 共同构成了强大的 Web 应用程序平台。在服务器端 Web 程序开发语言方面，PHP 是目前十分受欢迎的语言之一，国内有许多大型知名网站都选择 PHP 作为主要的开发语言。与其他语言相比，PHP 具有以下几个方面的优势。

- 完全开源，使用者可以免费得到所有的 PHP 源代码。
- 具有良好的跨平台性，支持 Windows、Linux 等多种操作系统。
- 支持面向过程和面向对象的编程方式。
- 支持多种主流的数据库，如 MySQL、SQL Server、Oracle 等。
- 易学、易用，实用性强，程序的开发效率高。

2. Apache 简介

Apache HTTP Server（简称 Apache）是 Apache 软件基金会的一款开放源代码的网页服务器，它可运行在大部分操作系统上。由于其具有良好的跨平台性和安全性，所以被人们广泛使用，是目前流行的 Web 服务器之一。与一般的 Web 服务器相比，Apache 具有如下特点。

- 跨平台应用，Apache 几乎可以运行在所有的计算机平台上。
- 开放源代码，Apache 服务程序由全世界的众多开发者共同维护，并且任何人都可以自由使用，充分体现了开源软件的精神。
- 支持 HTTP 1.1 协议，Apache 是最先使用 HTTP 1.1 协议的 Web 服务器，它完全兼容 HTTP 1.1 协议，并向后兼容 HTTP 1.0 协议。
- 支持通用网关接口（CGI），Apache 遵守 CGI/1.1 标准，并且提供了扩充的功能。
- 支持常见的网页编程语言，如 Perl、PHP、Python、Java 等，这使得 Apache 的应用领域更加广泛。
- 模块化设计，Apache 通过标准的模块实现专有的功能，提高了项目开发的效率。
- 运行稳定且具有良好的安全性。

3. MySQL 简介

MySQL 是一个关系型数据库，由瑞典 MySQL AB 公司开发，目前属于 Oracle 旗下产品。MySQL 是流行的关系型数据库之一。

4.1.2 PHP 代码编辑工具

目前，常用的 PHP 代码编辑工具有 Notepad++、Sublime Text 和 Zend Studio。

1. Notepad++简介

Notepad++是微软视窗环境下的一个免费的代码编辑器。它使用较少的 CPU 功率，降低了计算机系统能源消耗，不仅轻巧，而且执行效率高，可以完美地取代微软视窗的记事本。同时，它支持多达 27 种语法高亮显示，还支持自定义语言。Notepad++可自动检测文件类型，根据关键字显示节点，可自由折叠/打开节点，还可显示缩进引导线，代码显示很有层次感；可打开双窗口，在分窗口中又可打开多个子窗口，允许快捷切换全屏显示模式（F11），支持使用鼠标滚轮改变文档显示比例。另外，它还提供了如邻行互换位置、宏等功能。

2. Sublime Text 简介

Sublime Text 是一款流行的代码编辑器。它具有简约、美观的用户界面和强大的功能，主要功能包括拼写检查、书签、完整的 Python API、转到、即时项目切换。Sublime Text 是一个跨平台的代码编辑器，同时支持 Windows、Linux 等多种操作系统。

3. Zend Studio 简介

Zend Studio 是一个专业的 PHP 集成开发环境，具备功能强大的专业编辑工具和调试工具，它具有 PHP 语法加亮显示、语法自动填充、书签、语法自动缩排、代码复制、代码调试等功能。Zend Studio 支持本地调试和远程调试两种调试模式，具有多种高级调试功能。

4.1.3 PHP 集成开发环境

目前，主流的 PHP 集成开发环境包有 phpStudy、WampServer、XAMPP 等。

1. phpStudy 简介

在众多的 PHP 集成开发环境包中，使用 phpStudy 集成开发环境包的人数最多，因为 phpStudy 集成了 Apache+Nginx+LIGHTTPD+PHP+MySQL+phpMyAdmin+Zend Optimizer+Zend Loader，且一次性安装，无须配置即可使用，非常方便、好用。phpStudy 具有绿色小巧、简易迷你等特点，还有专门的控制面板。它支持 Apache、IIS、Nginx，并且全面支持 Windows。

2. WampServer 简介

WampServer 就是 Windows、Apache、MySQL、PHP 集成开发环境的缩写，即在 Windows 下的 Apache、PHP 和 MySQL 的服务器软件，因该集成开发环境包易用、实用，所以应用也非常广泛。

3. XAMPP 简介

XAMPP 是整合型的 Apache 套件，包括 Apache、MySQL、PHP 和 PERL。该集成开发环境包直接解压就可以使用，没有复杂的安装过程，使用非常方便。

4.1.4 PHP 程序运行原理

PHP 所有的应用程序都是通过 Web 服务器（如 Apache 等）和 PHP 引擎程序解释执行完成的。PHP 程序运行原理如图 4-1 所示。

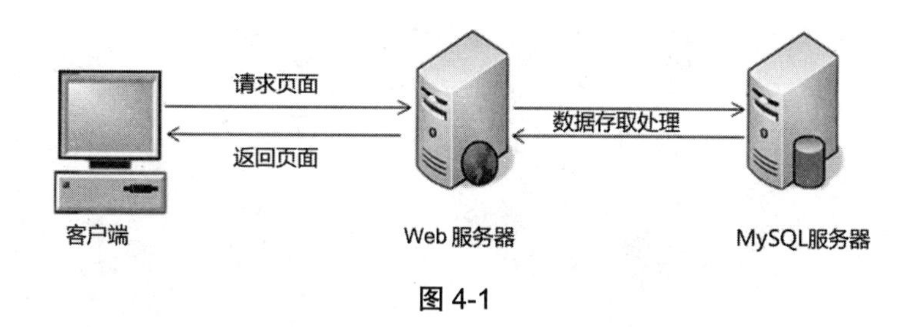

图 4-1

（1）当用户在客户端的浏览器地址栏中输入要访问的 PHP 页面文件地址后，浏览器向 Web 服务器发送请求信息。

（2）Web 服务器接收这个请求后，从存储器中取出用户要访问的 PHP 页面文件，并将其发送给 Web 服务器中的 PHP 引擎程序。

（3）PHP 引擎程序对 Web 服务器传送过来的文件从头到尾进行扫描，并根据命令处理 MySQL 服务器上的数据，同时动态地生成相应的 HTML 页面。

（4）PHP 引擎程序将生成的 HTML 页面返回 Web 服务器，Web 服务器再将 HTML 页面返回客户端的浏览器。

4.2 任务实施

4.2.1 安装 PHP 代码编辑工具

读者可自行在互联网上下载 4.1.2 节中介绍的其中一个代码编辑工具并安装，本书不再介绍操作步骤。

4.2.2 搭建集成开发环境

4.2.2 搭建集成开发环境

本节以 phpStudy V8.0 为例介绍 PHP 代码编辑工具的安装步骤并搭建项目运行环境。

步骤 1：访问 phpStudy 官方网站（https://www.xp.cn/），根据所使用的操作系统下载 32 位或 64 位的 phpStudy V8.0。

步骤 2：下载完成后得到一个压缩包——phpStudy_64.zip，将其解压后便可得到一个文件类型为 EXE 的安装文件。

步骤 3：双击安装文件，将会弹出如图 4-2 所示的安装界面，默认的安装路径为“D:\phpstudy_pro”，若要更改安装路径，选择“自定义选项”并重新设置路径即可。本步骤需注意的事项有：默认的安装路径是系统盘之外的第二个盘，通常为 D 盘，在没有其他盘符的情况下则会安装在 C 盘；安装路径不能包含中文或者空格，否则软件启动时会报错；若需要再次安装 phpStudy，则需选择其他路径进行安装，即不能安装在已安装的 phpStudy 的路径内。

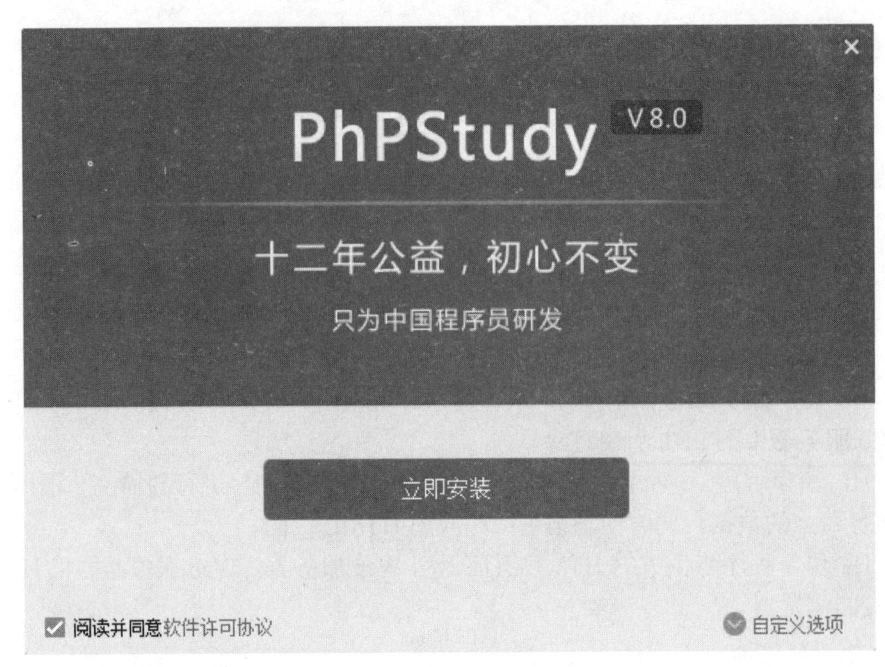

图 4-2

步骤 4：安装路径设置好之后，单击“立即安装”按钮，此时将进入如图 4-3 所示的安装进度界面。

图 4-3

步骤 5：安装完成后将会弹出如图 4-4 所示的安装完成界面，单击“安装完成”按钮，将会进入如图 4-5 所示的 phpStudy 集成环境主界面，在此界面上可以启动 Apache 和 MySQL 服务，如果 Apache 服务启动失败，原因可能是端口号发生了冲突，此时可以尝试更改 Apache 的端口号。

图 4-4

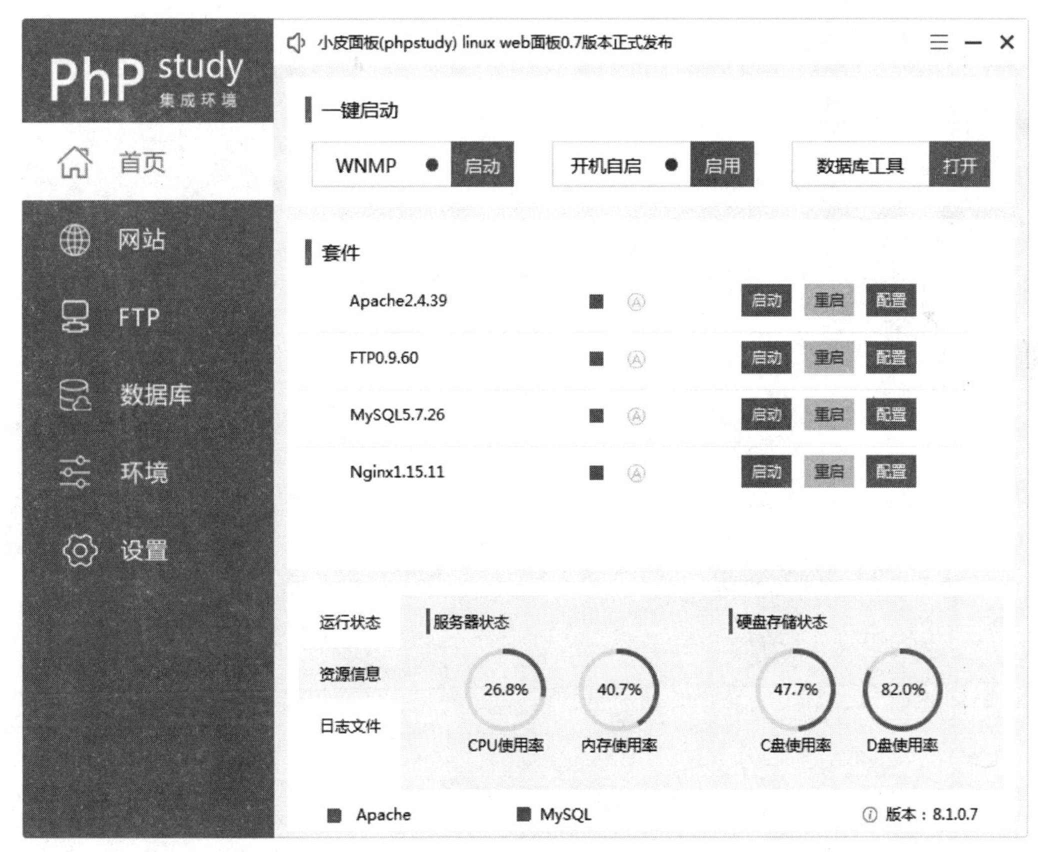

图 4-5

步骤 6：安装数据库工具（web）——phpMyAdmin。选择 phpStudy 集成环境主界面左侧的“环境”选项，然后单击数据库工具（web）右侧的“安装”按钮，如图 4-6 所示，此时将会弹出如图4-7所示的“选择站点”界面，在该界面上选择站点并单击“确认”按钮，将会下载安装包并自动进行安装，安装完成后将会弹出如图4-8所示的“安装成功!”提示信息。

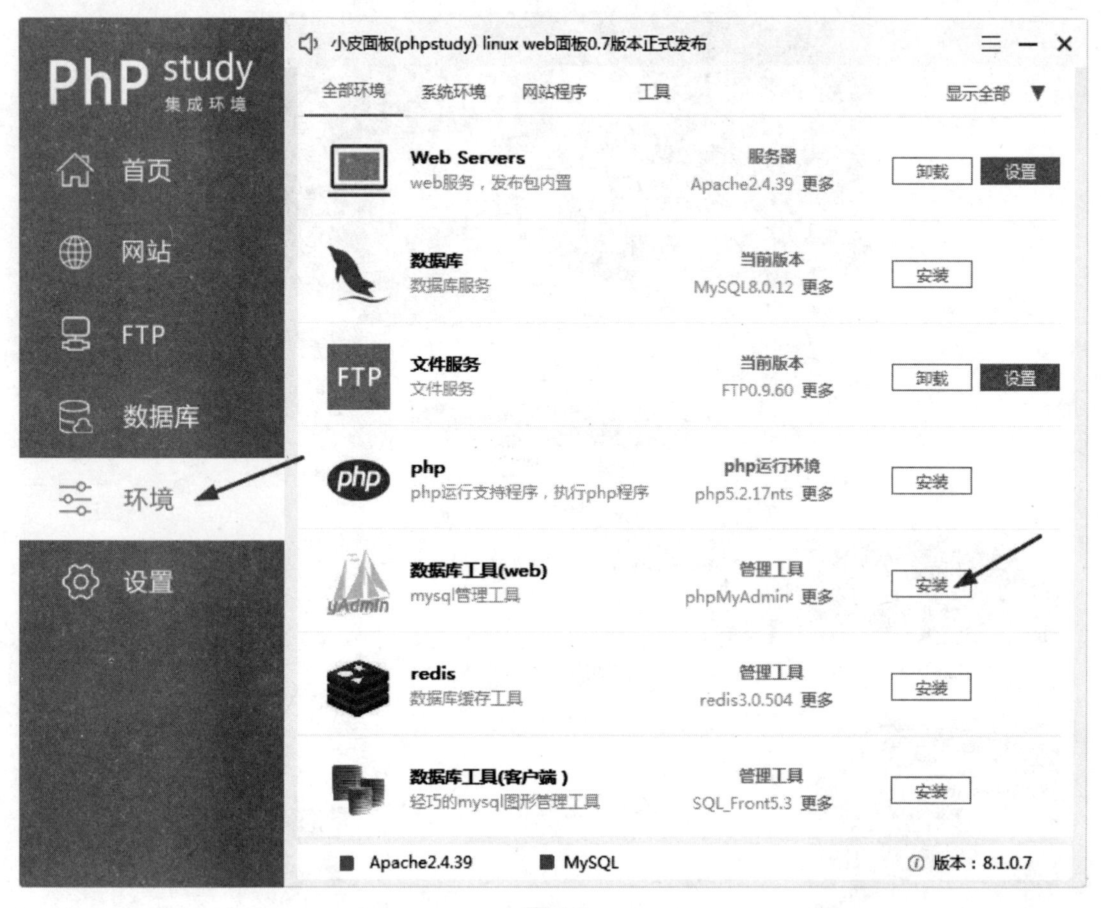

图4-6

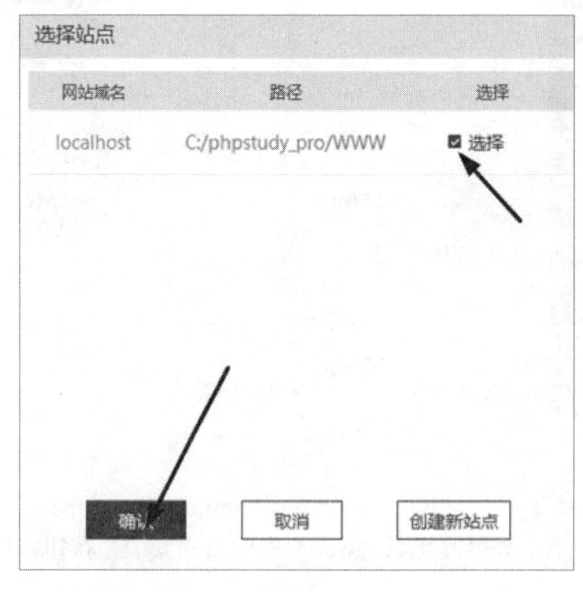

图4-7

图 4-8

步骤 7：选择 phpStudy 集成环境主界面左侧的“网站”选项，在右侧区域可以看到默认创建的网站信息，包括编号、网站域名、端口、物理路径、状态、到期、操作，单击编号为“1”的网站右侧的“管理”按钮，将会弹出下拉列表，如图 4-9 所示，此时选择“打开网站”选项将会打开站点创建成功界面，如图 4-10 所示。

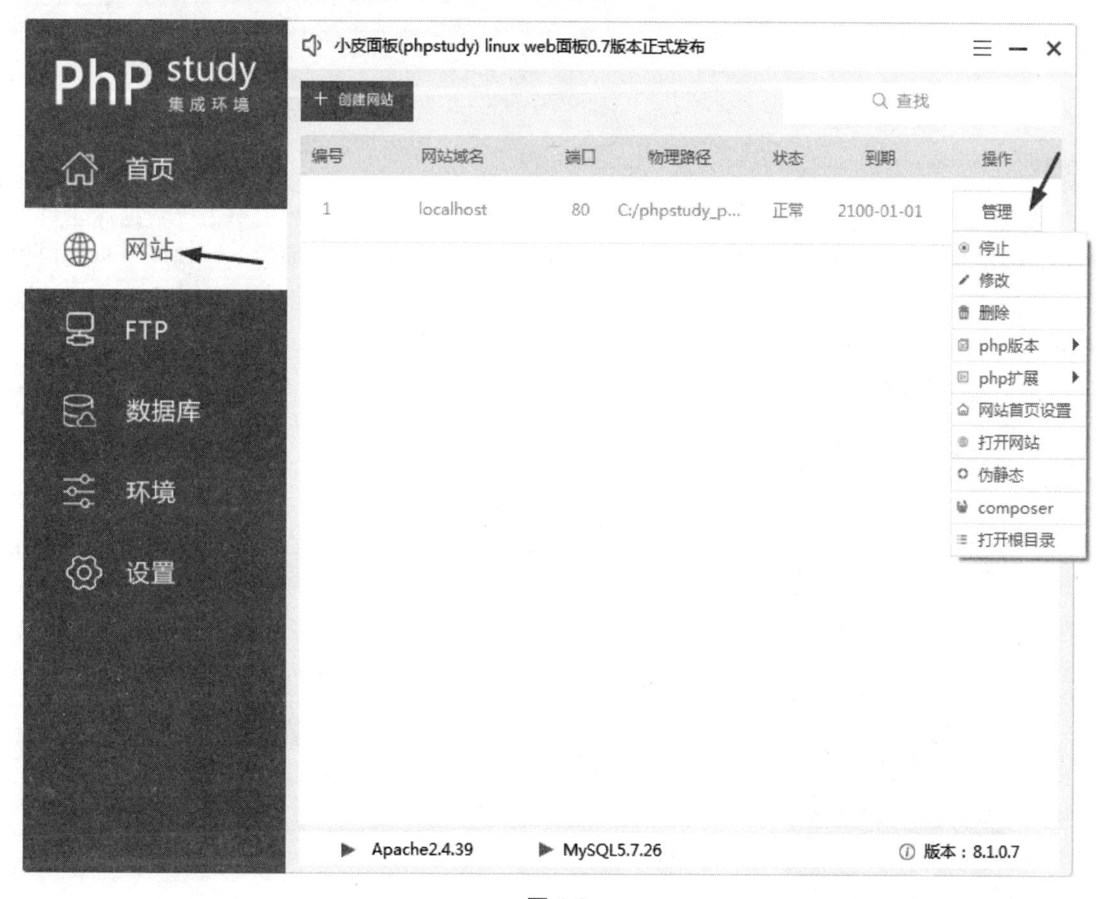

图 4-9

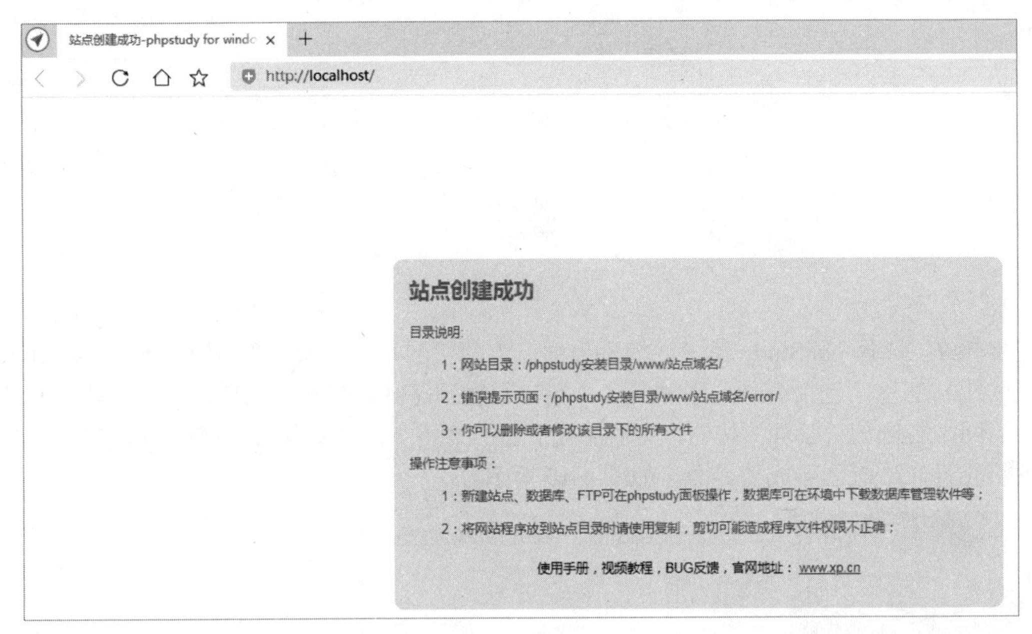

图 4-10

步骤 8：选择 phpStudy 集成环境主界面左侧的“首页”选项，然后单击“数据库工具”按钮，弹出下拉列表，如图 4-11 所示，接着选择“phpMyAdmin”选项进入数据库工具入口界面，如图 4-12 所示，在该界面上以数据库超级用户身份登录（用户名和密码均是 root），将进入数据库管理工具主界面，如图 4-13 所示。

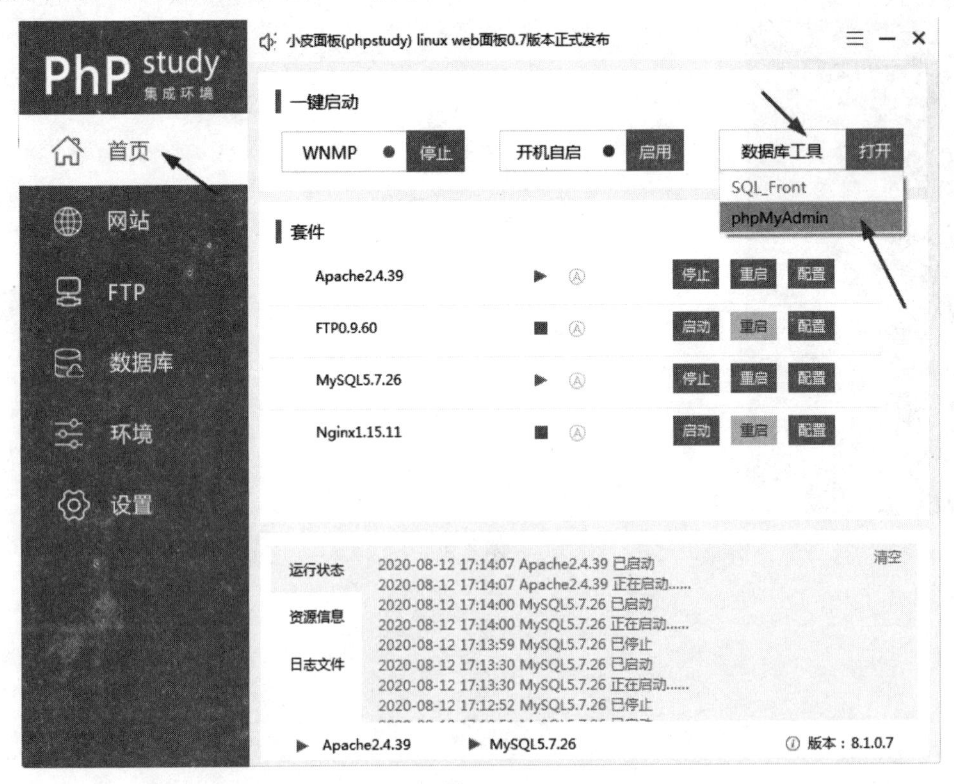

图 4-11

图 4-12

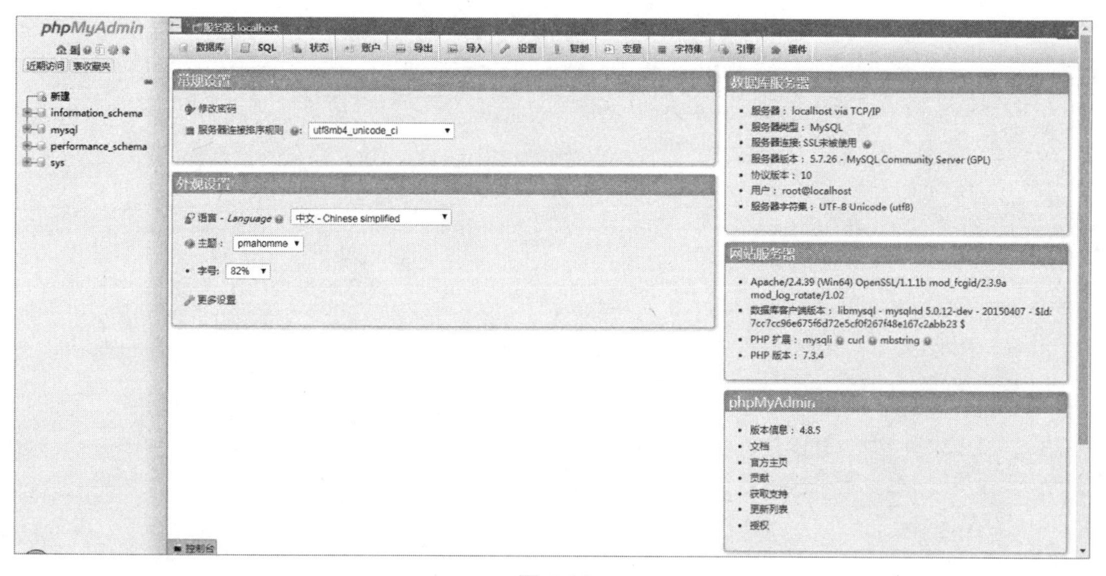

图 4-13

通过以上操作，即可完成集成开发环境的搭建任务，此时就可以在 Apache 根目录下部署基于 PHP 和 MySQL 的网站项目了。

4.3 经验分享

（1）建议初学者使用集成开发环境进行 PHP 开发环境的搭建，推荐使用 phpStudy 集成开发环境包。如果读者为在校学生，建议选择自动解压包路径为 U 盘，这样 U 盘就变成了一个

“移动式”PHP集成开发环境了，以后使用起来非常方便，只需把U盘插入计算机即可使用。

（2）导致phpStudy启动失败的主要原因有3个：一是防火墙拦截；二是80端口已经被别的程序占用；三是没有安装VC9运行库。

（3）PHP和Apache是需要用VC运行库进行编译的。如果在使用的过程中，提示缺少VC运行库，应根据提示的版本进行下载并安装。PHP 5.3、PHP 5.4和Apache都是用VC9运行库进行编译的，PHP 5.5、PHP 5.6需用VC11运行库进行编译，而PHP 7.0、PHP 7.1则需用VC14运行库进行编译。

4.4 技能训练

（1）根据智网电子贸易有限公司门户网站开发环境实际情况，安装合适的PHP代码编辑工具。

（2）使用WampServer集成开发环境包搭建智网电子贸易有限公司门户网站的运行环境。

任务 5　安装 CMS

知识目标

- 了解 CMS 概况。
- 了解 PHPCMS 系统功能结构。
- 了解 PHPCMS 源代码目录结构。

技能目标

- 能够下载、安装 PHPCMS，并能够解决在安装过程中出现的问题。
- 能够熟练设置 PHPCMS 后台相关功能。

任务概述

- 任务内容：下载并正确安装 PHPCMS。
- 参与人员：网站程序员。

5.1　知识准备

5.1.1　CMS 概况

1. 什么是 CMS

CMS 是 Content Management System 的缩写，它的中文意思为内容管理系统。它是一个位于 Web 前端和后端的软件系统，通常分为企业内容管理系统（ECM/ECMS）、Web 内容管理系统、Web 组内容管理系统、组件内容管理系统 4 种类型，但当前大部分的 CMS 专门用于管理 Web 方面的内容，因此，本书重点讲授 CMS 的 Web 内容管理系统类型。当前出现的 CMS 很多，不同的 CMS 厂商采用的开发语言（如 PHP、C#、Java 等）、数据库（如 MySQL、msSQL 等）及架构（采用最多的是 MVC 架构）也不同。总而言之，如果读者具备了一定的 Web 前端知识，就能利用 CMS 搭建出一个功能强大的企业网站。

2. 为什么使用 CMS

（1）功能更强大。

定制的网站系统通常只是基于用户当时的需求，较少会考虑系统的扩展性、用户体验和网络 SEO 等。CMS 一般供普通用户使用，特别是在网站建设类科技公司中应用非常广泛。一款出色的 CMS，基本能够满足用户的大部分需求，所以使用 CMS 定制的网站系统要比原生开发的网站系统功能更强大、更灵活。

（2）安全性好。

因为 CMS 面向的用户群体非常大，所以 CMS 厂商通常会开设专门的社区或论坛，供用户学习和交流，同时收集用户的建议、系统的漏洞和 Bug，这样 CMS 厂商就能及时对 CMS 进行升级与改版。另外，一般都会有安全厂商跟踪监测，对 CMS 每个版本进行安全跟踪和评估，因此，CMS 具有良好的安全性。

（3）通用性强。

为了满足用户的功能需求，CMS 厂商通常采用流行的架构开发其 CMS，使得 CMS 具有强大的内置功能和自由扩展功能，同时支持开发者的二次开发，这使得 CMS 具有较强的通用性。

（4）开发效率高。

大部分 CMS 厂商采用 MVC 架构开发 CMS，实现了内容管理和具体表现相分离，形成了基于模板的应用模式，极大地提高了开发人员的开发效率，从而降低了开发成本。

3. 常见的 CMS

CMS 作为快速建站的利器，目前应用非常广泛。它能够为政府机关、事业单位、各类企业、教育机构、媒体机构、个人站长等提供网站建设的一体化解决方案。目前大大小小的 CMS 层出不穷，常见的 CMS 有 PHPCMS、DedeCMS（织梦内容管理系统）、EmpireCMS（帝国网站管理系统）、PageAdmin CMS、Discuz、Drupal（国外）、Joomla（国外）等。下面简要介绍 PHPCMS。

PHPCMS 采用 PHP5+MySQL 的技术基础、OOP（面向对象）的编程模式、MVC 的系统架构开发而成，是国内领先的开源网站内容管理系统，主要由内容模块、会员模型、专题模块、财务模块、广告管理模块、短消息模块、全文搜索等 20 个功能模块组成，内置新闻、图片、下载、信息、产品五大内容模块。PHPCMS 采用模块化开发，支持自定义内容模块和会员模型及自定义字段等。目前，PHPCMS 的最新版本为 9.6.3，简称 V9，该系统具有功能扩展容易、代码维护方便、二次开发能力强、模板制作方便、支持站群系统和多点发布等特点，可满足大部分网站的应用需求。

4. 如何选择 CMS

目前，市面上的 CMS 非常多，选择一套合适的 CMS 尤为重要，以下为编者提供的几点建议。

（1）明确自身的需求及定位。选择 CMS 最根本的一点就是要明确自身的需求和定位，因为只有这样，才能更好地对 CMS 进行对比与分析，为选择合适的 CMS 奠定基础。

（2）安全性。无论最终选择了哪个 CMS，安全始终是我们共同关注的问题，不同的 CMS 厂商所开发的 CMS 的安全性也不一样。因此，所选用的 CMS 应具有良好的安全机制，具有尽可能少的漏洞及 Bug，能够最大限度地保证系统的安全运行。

（3）可扩展性。所选用的 CMS 系统应具有高度的可扩展性，具有一套完善的扩展机制，在此基础上能够方便用户开发功能组件、插件或模块，尽可能满足用户对功能扩展的需求，同时可支持开发者的二次开发。

（4）易用性。CMS 的界面是否友好、功能是否人性化、操作是否合理及方便等特点，在选择 CMS 时都需重点考虑。

（5）SEO 功能。对于 CMS 用户而言，特别是企业用户，在网站建设完成后，网站的优化与推广便成了他们最关心的问题，只有把网站推广出去，吸引更多的流量，才能真正发挥网站的作用，因此，CMS 是否具有 SEO 功能也应成为选择 CMS 的一个重要因素。

（6）技术支持。CMS 不是十全十美的，用户在使用 CMS 的过程中，或多或少都会碰到问题，此时就需要通过网络搜索或直接到官方论坛寻求解决的方法。

除了以上 6 点，在选择 CMS 时，用户还需根据实际情况考虑 CMS 采用的开发语言、数据库类型及是否开源等因素。编者始终认为：“适合自己的才是最好的”，当真正理解 MVC 原理，熟练掌握 1 个 CMS 的应用后，再拓展学习其他厂商的 CMS 会容易很多。

5.1.2 PHPCMS 系统功能结构

PHPCMS 采用了流行的 OOP（面向对象）方式进行多层架构设计，并采用了模块化开发的方式作为功能开发形式。PHPCMS 具有功能扩展容易、代码维护方便、二次开发支持性好等优点，能够为广大网站用户提供优秀的、全方位的内容管理系统解决方案。PHPCMS V9 包含内容管理系统、门户级站群管理系统、发布点管理系统、SSO 单点登录系统、会员管理系统、管理员/会员权限管理系统、投票管理系统、广告管理系统、评论管理系统、冗余附件管理系统、全站搜索系统、支付管理系统、访问统计管理系统、WAP 网站系统等子系统。为了方便用户的使用，PHPCMS 厂商结合建站业务逻辑，将以上子系统功能有机地组合在一起，形成了简约、易用的系统后台功能结构，主界面如图 5-1 所示。

PHPCMS 主导航区上的每个菜单项都整合了不同功能，以下为不同菜单项的功能简介。

- 我的面板：用于显示和管理用户个人信息，登录系统时默认显示。
- 设置：用于维护 PHPCMS 系统的常用配置参数与管理员账号。
- 模块：用于管理系统自带或者用户自定义开发的模块等。
- 内容：用于管理内容发布相关事项，包括发布管理、相关设置、栏目管理、模型管理等。
- 用户：用于管理系统注册用户、配置系统用户组及会员模型。
- 界面：用于管理站点的前台模板页面和标签向导。

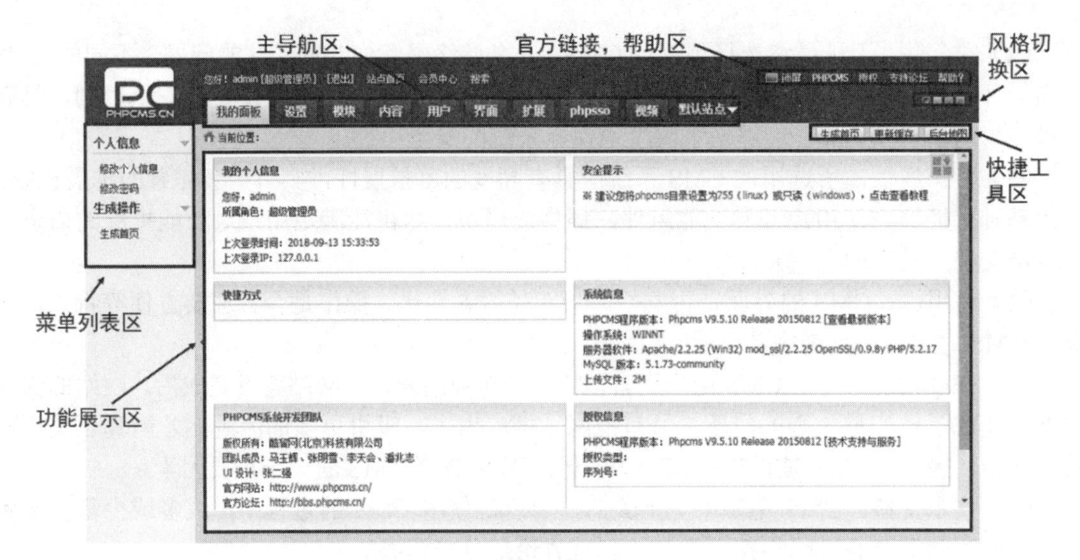

图 5-1

- 扩展：用于管理模块的一些扩展功能及属性。
- phpsso：用于管理 PHP 开发的单点登录系统。在接入 phpsso 的多个应用系统中，用户只需要登录一次就可以访问所有相互信任的应用系统。
- 视频：主要用于管理视频数据。
- 默认站点：主要用于设置默认的网站站点。

5.1.3　PHPCMS 源代码目录结构

PHPCMS 源代码目录结构如图 5-2 和图 5-3 所示。

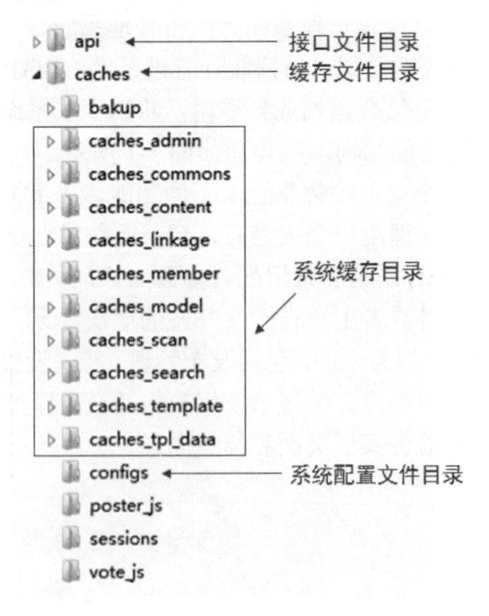

图 5-2

- phpcms ← PHPCMS框架主目录
  - languages ← 框架语言包目录
  - libs ← 框架主类库、主函数目录
  - model ← 框架数据库模型目录
  - modules ← 框架模块目录
  - plugin ← 框架插件目录
  - templates ← 框架系统模板目录
- phpsso_server ← phpsso主目录
- statics ← 系统附件包
  - css ← 系统CSS文件目录
  - images ← 系统图片文件目录
  - js ← 系统JavaScript文件目录
  - plugin ← 系统插件文件目录
- uploadfile ← 网站附件目录
- admin.php ← 后台管理入口
- api.php ← 接口文件入口
- crossdomain.xml ← Flash跨域传输文件
- favicon.ico ← 系统ico图标
- index.php ← 程序主入口
- plugin.php ← 插件程序入口
- robots.txt ← 搜索引擎蜘蛛限制配置文件

图 5-3

5.2 任务实施

5.2.1 下载 PHPCMS

5.2.1 下载 PHPCMS

步骤 1：通过互联网下载目前最新版本的 PHPCMS——PHPCMS_v9.6.3_UTF8，解压后将会看到“install_package”和“readme”两个目录，如图 5-4 所示。

图 5-4

步骤 2：把目录“install_package”剪切到 phpStudy 的默认网站根目录（即“phpStudy 安装目录/WWW/”）下，并将其重命名为“huagongzi”，然后进入“/huagongzi/phpcms/libs/classes/”目录，用 PHP 代码编辑工具（如 Sublime Text 等）打开文件“db_mysqli.class.php”，把 245 行和 254 行代码中的“continue”改为“break”，否则安装过程中会提示错误，修改完成后的代码如图 5-5 所示。

```
db_mysqli.class.php
237            $fields = array();
238            foreach($data as $k=>$v) {
239                switch (substr($v, 0, 2)) {
240                    case '+=':
241                        $v = substr($v,2);
242                        if (is_numeric($v)) {
243                            $fields[] = $this->add_special_char
                                   ).'+'.$this->escape_string($v,
244                        } else {
245                            break;
246                        }
247
248                        break;
249                    case '-=':
250                        $v = substr($v,2);
251                        if (is_numeric($v)) {
252                            $fields[] = $this->add_special_char
                                   ).'-'.$this->escape_string($v,
253                        } else {
254                            break;
255                        }
256                        break;
257                    default:
258                        $fields[] = $this->add_special_char($k)
259                }
260            }
261            $field = implode(',', $fields);
```

图 5-5

5.2.2 创建网站

5.2.2 创建网站

步骤 1：运行 phpStudy 后，启动 Apache 和 MySQL 服务。

步骤 2：创建网站，具体的设置信息如下。

- 域名：www.phpcms.com。
- 端口：8083。
- 根目录：PHPCMS 安装目录/WWW/huagongzi。
- 创建环境：同步 hosts。
- 程序类型：PHP。
- PHP 版本：使用默认。

网站信息设置完成后的界面如图 5-6 所示。

图 5-6

网站创建成功后，该网站信息将会出现在网站列表中，如图5-7所示。

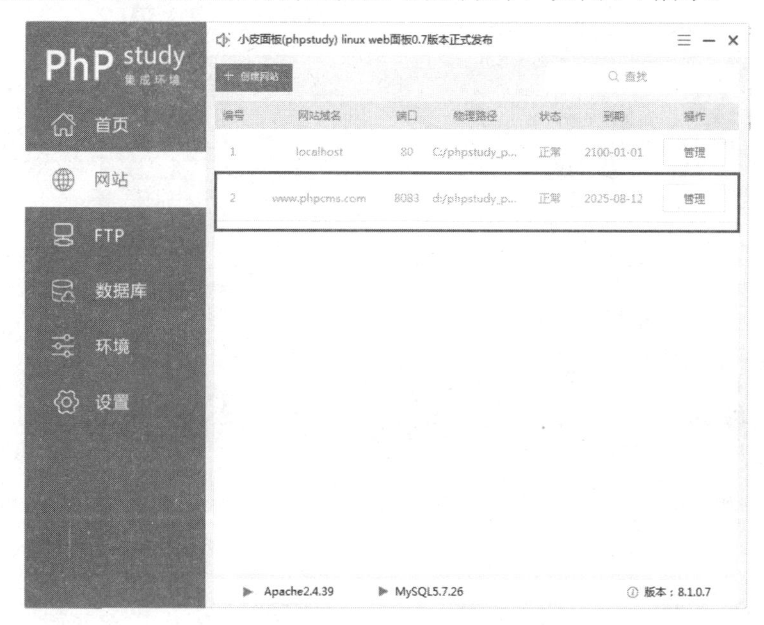

图5-7

5.2.3 安装PHPCMS

5.2.3 安装PHPCMS

步骤1：打开浏览器，在地址栏中输入地址“http://www.huagongzi.com:8083/install/”并按Enter键，此时将会进入“安装许可协议”界面，如图5-8所示。

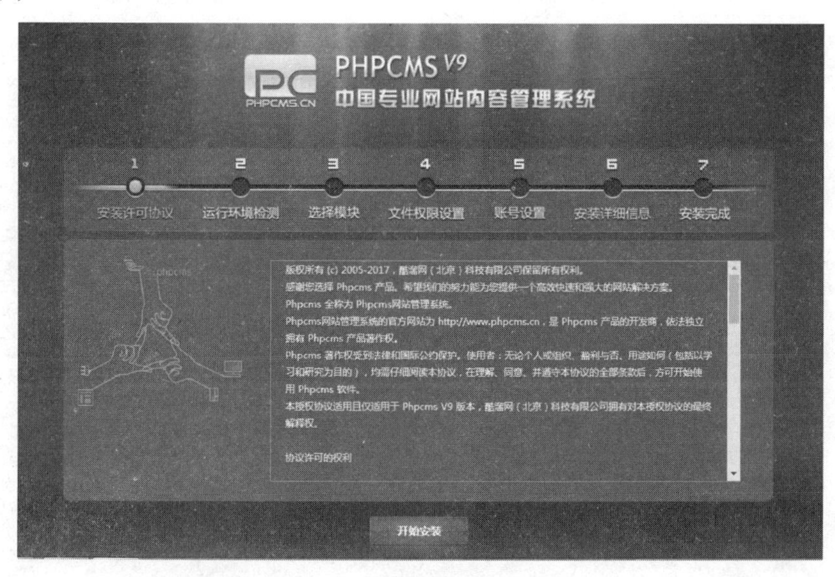

图5-8

步骤2：在“安装许可协议”界面中单击“开始安装”按钮，进入“运行环境检测”界面，此时安装程序将会对运行环境相关项目进行检测，如图5-9所示。

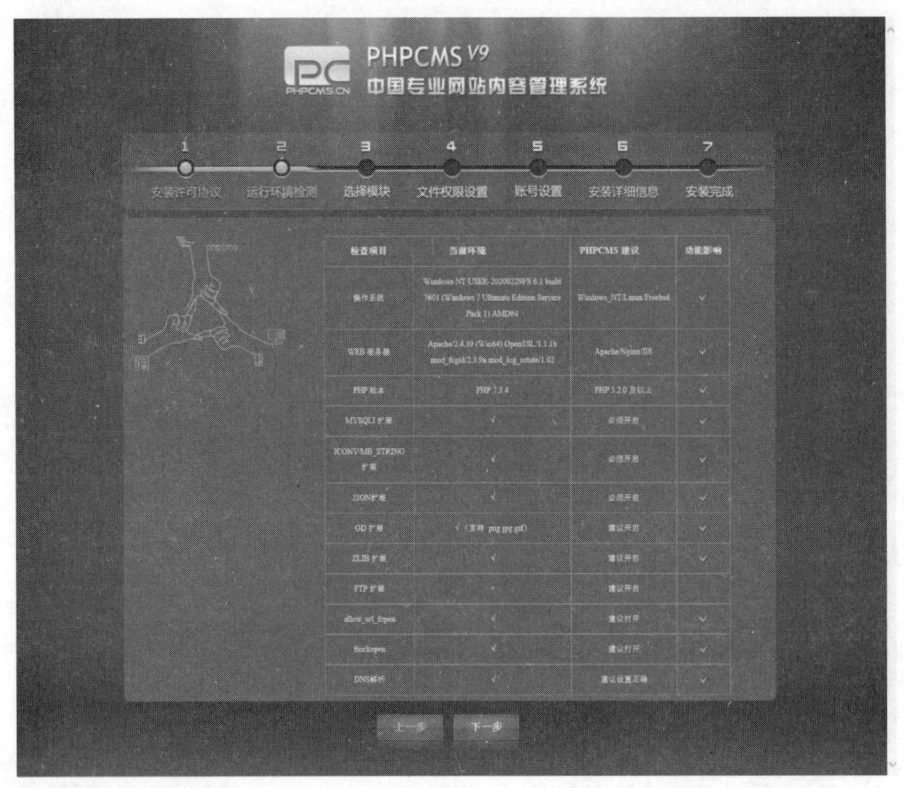

图 5-9

步骤 3：在“运行环境检测”界面中单击“下一步”按钮，进入“选择模块”界面，在该界面的“PHPSSO 配置”栏中，单击“全新安装 PHPCMS V9（含 PHPSSO）”单选按钮，“必选模块”、“可选模块”和“可选数据”3 栏的选项使用默认即可，如图 5-10 所示。

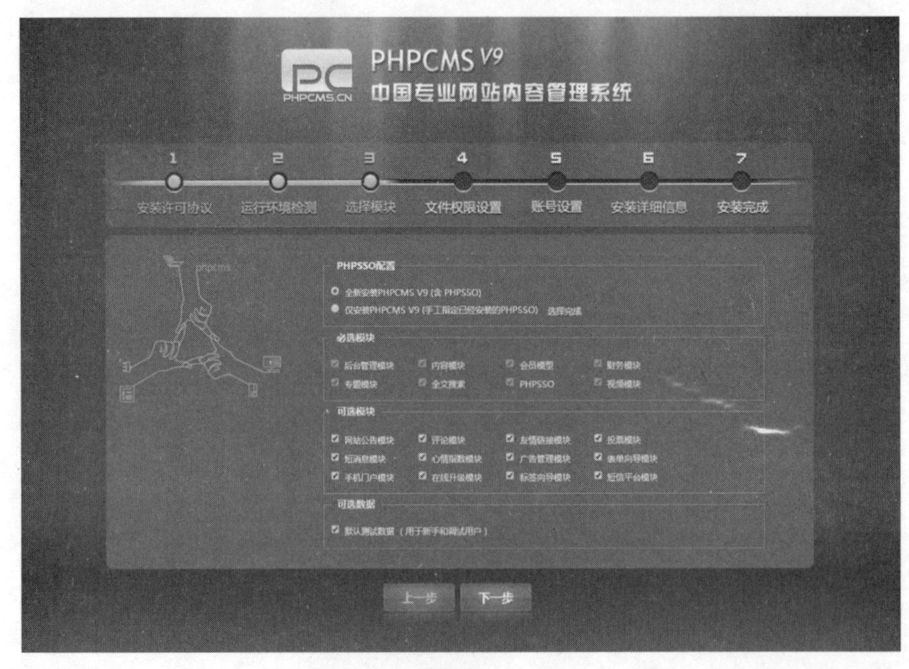

图 5-10

步骤 4：在“选择模块”界面中单击“下一步”按钮，进入“文件权限设置”界面，此时，安装程序将会对相关文件的权限状态进行检测，如图 5-11 所示。

图 5-11

步骤 5：文件的权限状态检测完成后，单击“下一步”按钮，进入“账号设置”界面，如图 5-12 所示[①]。此时需要填写“数据库账号”和“数据库密码”（说明：“数据库账号”为 root，数据库密码为 root）和“管理员 E-mail”，填写完成后单击“下一步”按钮，此时程序将安装相关的模块，并动态输出安装的详细信息，如图 5-13 所示。

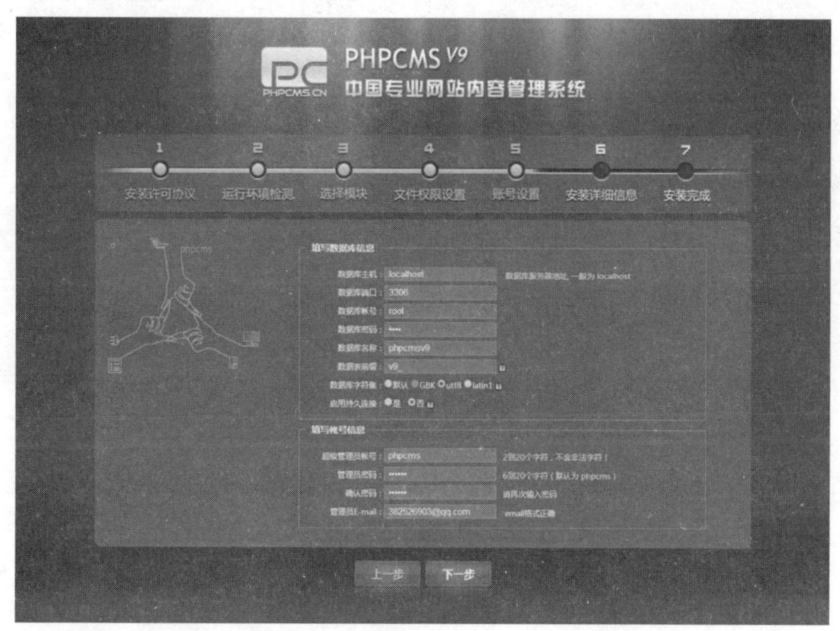

图 5-12

① 图 5-12 中“帐号”的正确写法应为“账号”。

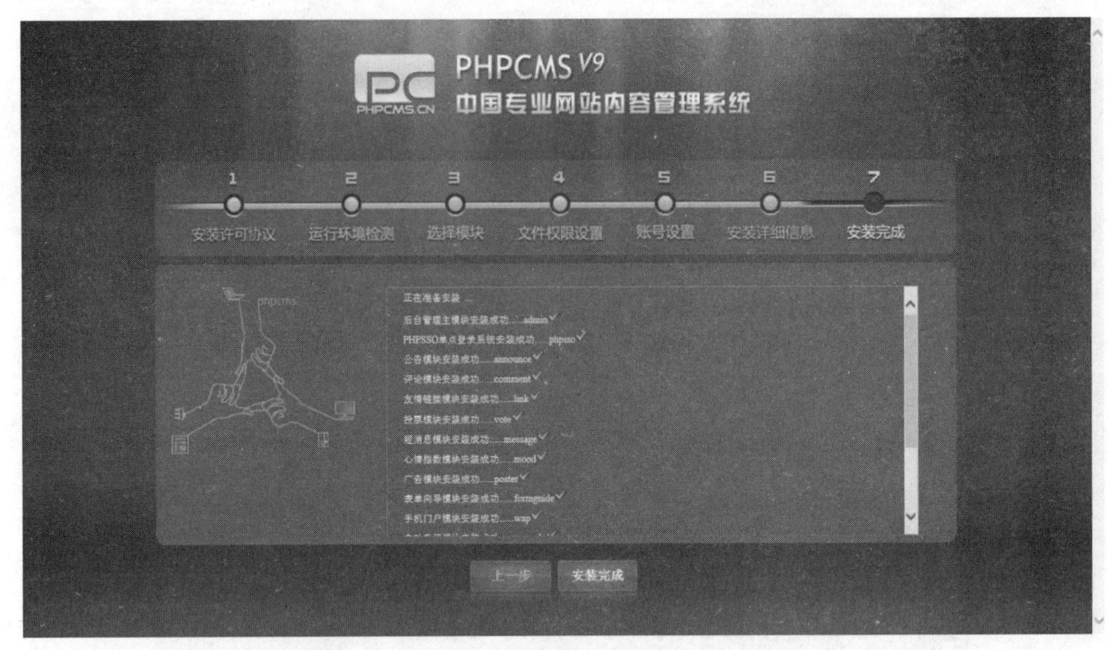

图 5-13

步骤 6：安装完成后，进入安装成功的提示界面，此时 PHPCMS 安装完成，如图 5-14 所示。

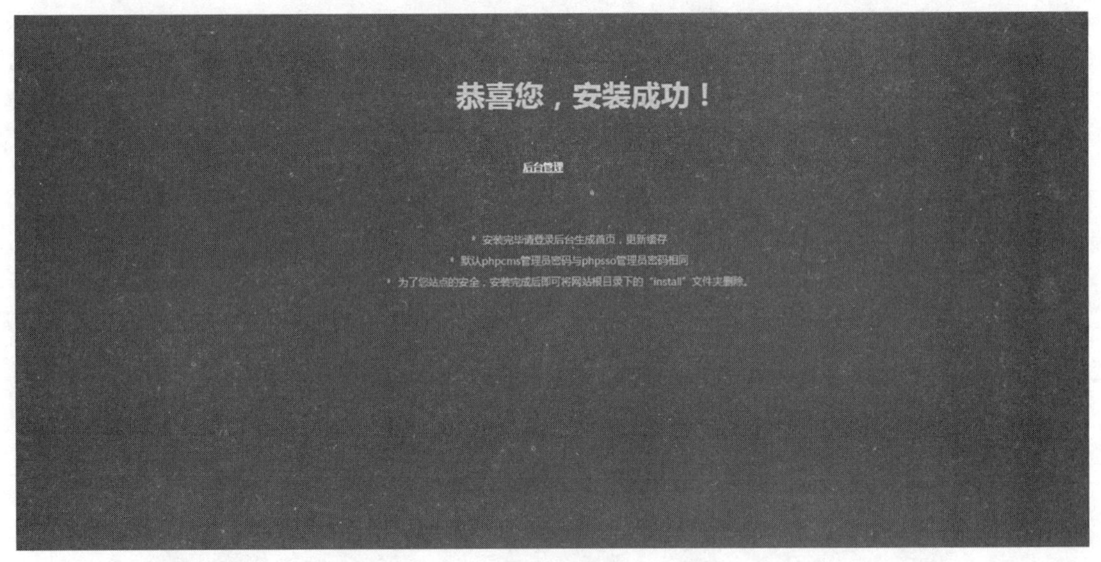

图 5-14

步骤 7：安装完成后，用户可以在步骤 6 的安装成功的提示界面中单击“后台管理”链接进入系统登录界面，也可以直接通过浏览器访问地址（如“http://域名/admin.php”）进入系统登录界面，此处访问的地址为“http://www.huagongzi:8083/admin.php”，系统登录界面如图 5-15 所示。

图 5-15

步骤 8：在系统登录界面上，输入管理员的“用户名”、“密码”和“验证码”，单击“登录”按钮即可进入系统后台主界面，如图 5-16 所示（说明：默认的管理员的用户名和密码均为“phpcms”）。

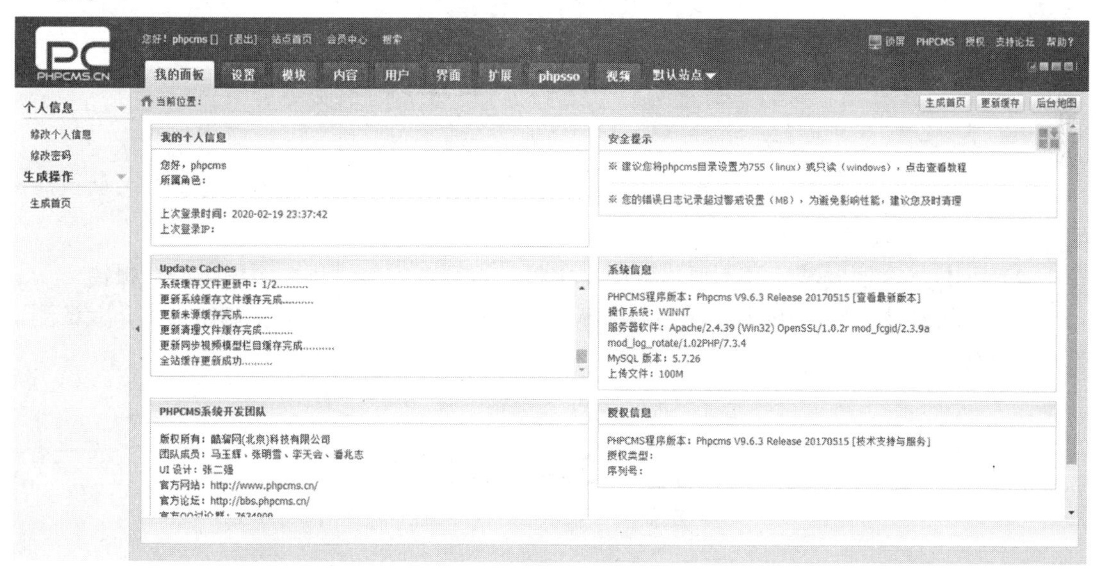

图 5-16

步骤 9：在浏览器地址栏中输入格式为“http://域名”的地址即可访问系统的前台主界面，如图 5-17 所示，此处的访问地址为“http://www.huagongzi:8083/”。

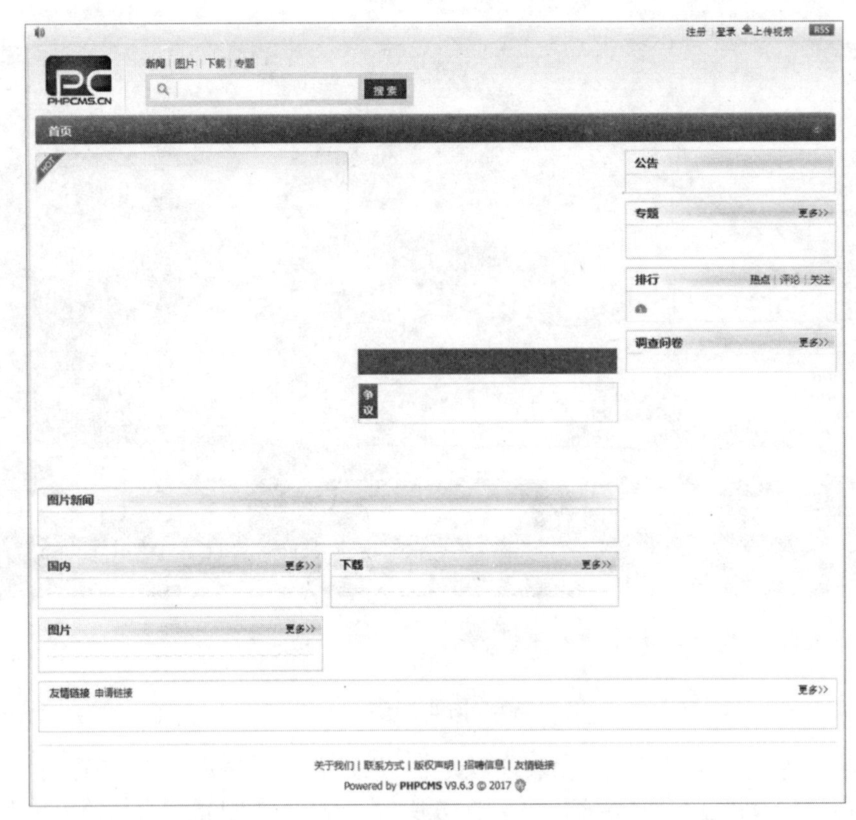

图 5-17

5.3 经验分享

（1）在安装的过程中，系统有可能会报错，此时用户需要认真查看错误信息，然后通过互联网搜索解决方法。

（2）PHPCMS 的安装路径不要出现中文字符，否则在安装过程中系统可能会报错。

（3）若用户已熟悉 PHPCMS 应用，则在安装过程中可以不勾选默认测试数据，默认测试数据主要是针对初学者的。

5.4 技能训练

（1）通过互联网下载 PHPCMS V5.6.3。

（2）安装 PHPCMS V5.6.3，并弄清楚每个安装步骤及其设置项的意义。

任务6　创建企业网站功能栏目

知识目标

- 理解模型的含义。
- 了解 PHPCMS V9 的内置模型。
- 掌握 PHPCMS V9 模型的管理和使用方法。
- 掌握模型字段的设置方法。
- 掌握万能字段的使用方法。

技能目标

- 能够根据网站功能说明书及网站版面创建合适的栏目模型。
- 能够根据网站功能需求，利用相应模型创建相应的栏目。
- 能够管理及维护（发布、修改、删除等）网站栏目的内容。

任务概述

- 任务内容：根据网站功能说明书及网站版面创建合适的栏目模型，并创建相应的栏目；发布或编辑网站栏目的内容。
- 参与人员：网站程序员。

6.1　知识准备

6.1.1　什么是模型

模型是系统知识的抽象表示。仅仅通过语言来描述一个系统或通过记忆来记录关于系统的知识都是不科学的。知识是通过某种媒介来表达的，这种媒介所表达的内容就是模型。而知识形成媒介的过程就是建模，或者称为模型化。通常模型可以使用多种不同的媒介来表达，比如纸质书或电子文档、缩微模型或原型、音像制品等。模型的体现方式也是多种多样的，常见的有图表、公式、原型、文字描述等。

例如，一般新闻类的信息，都具有标题、内容、作者、来源、发布时间等属性。无论是国内新闻还是国际新闻，基本都具有这些属性，那么我们可以把这些属性模型化，在 PHPCMS 中可以理解成内容模型。因此，如果要建设下载类网站，其所需要的模型肯定和普通的内容模型不一样，需要重新定义下载模型；如果要建设一个二手车网站，在关于车的描述中，有各种品牌、配置参数等，就需要专门建立一个基于二手车的内容模型。

PHPCMS 具有模型管理的功能，它允许使用者根据自身需求自定义模型，因此，PHPCMS 具有应用灵活的特性，使用者可以使用它来构建多样性的网站。

6.1.2 PHPCMS V9 内置模型

PHPCMS V9 设计者认为，每个栏目详情页的数据都应该属于一种模型。所以，在添加栏目时，设计者必须给栏目指定一个模型，至于要选择哪种类型的模型，完全取决于栏目详情页要显示的内容。PHPCMS V9 内置了文章模型、图片模型、下载模型和视频模型，其中，文章模型对应文章信息类的内容，图片模型对应图片类的内容，下载模型对应下载类的内容，视频模型对应视频类的内容。PHPCMS V9 内置的模型如图 6-1 所示。

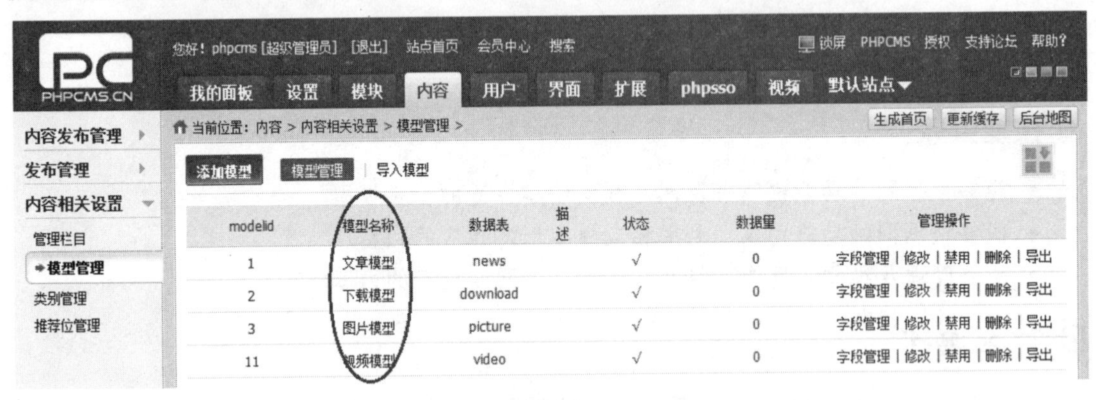

图 6-1

6.1.3 PHPCMS V9 模型的管理和使用

PHPCMS V9 设计者认为，每个栏目会对应当前所选模型的三个模板。

- 栏目首页模板（也叫文章频道页）category_*.html。
- 栏目列表页模板 list_*.html。
- 内容页模板 show_*.html。

栏目各页面与指定模型的三个模板是一一对应的关系，这些模板位于“\phpcms\templates\default\content”目录下。

1. 修改模型默认模板

用户可以为每个新添加的模型指定默认模板或自定义模板，在添加栏目的时候，如果选择了模型，则与该模型对应的模板也会被加载进来。当然，用户也可以修改模型的对应模板，如图 6-2 所示。

图 6-2

2. 模型字段管理

每种模型都有属性项，每个属性项都有不同的字段类型。用户可以通过模型字段管理功能来添加、删除字段，并为字段选择合适的类型来自定义自己所需的模型。图 6-3 所示为“文章模型字段管理”界面。

图 6-3

3. 模型的使用

模型是与栏目绑定的。在新建栏目时需要选择模型，如图 6-4 所示，这样当在栏目下添加内容时将继承该模型的定义，并自动加载模板，如图 6-5 所示。

图 6-4

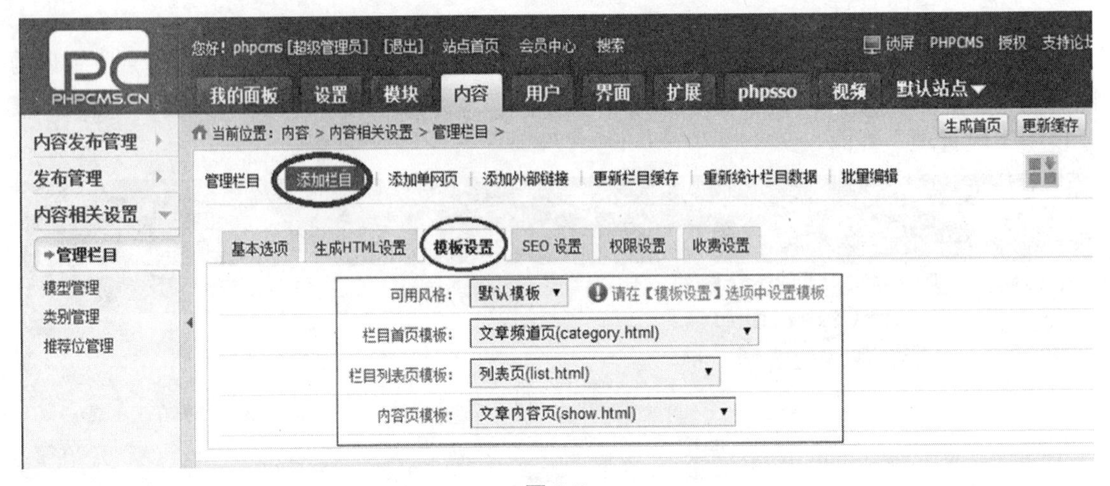

图 6-5

6.1.4 PHPCMS V9 字段设置及重要字段举例

1. 字段设置

在创建模型之后，用户可以根据实际需要自主添加字段。下面对图 6-6[①]和图 6-7 中的某些比较重要的字段进行简单的说明。

① 图 6-6 中“下划线”的正确写法应为“下画线”。

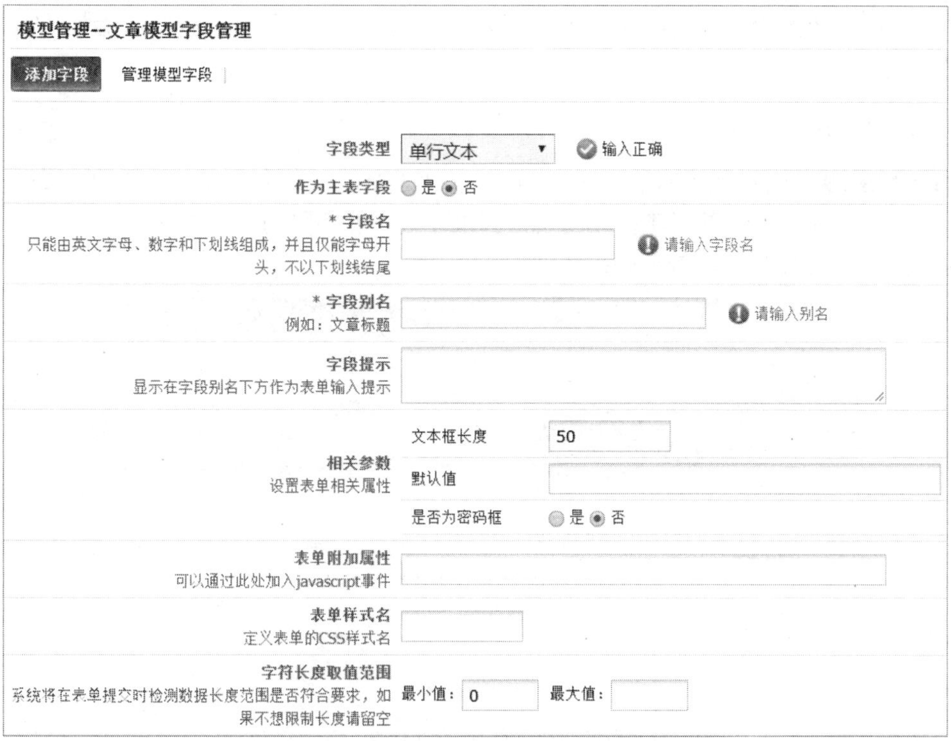

模型管理--文章模型字段管理

添加字段 管理模型字段 |

字段类型 单行文本 ▾ 输入正确

作为主表字段 ○是 ◉否

* 字段名
只能由英文字母、数字和下划线组成，并且仅能字母开头，不以下划线结尾 请输入字段名

* 字段别名
例如：文章标题 请输入别名

字段提示
显示在字段别名下方作为表单输入提示

相关参数
设置表单相关属性
文本框长度 50
默认值
是否为密码框 ○是 ◉否

表单附加属性
可以通过此处加入javascript事件

表单样式名
定义表单的CSS样式名

字符长度取值范围
系统将在表单提交时检测数据长度范围是否符合要求，如果不想限制长度请留空 最小值：0 最大值：

图 6-6

值唯一 ○是 ◉否

作为基本信息
基本信息将在添加页面左侧显示 ◉是 ○否

作为搜索条件 ○是 ◉否

在前台投稿中显示 ◉是 ○否

作为全站搜索信息 ◉是 ○否

作为万能字段的附属字段
必须与万能字段结合起来使用，否则内容添加的时候不会正常显示 ○是 ◉否

在推荐位标签中调用 ○是 ◉否

禁止设置字段值的会员组 □游客 □新手上路 □注册会员 □中级会员 □高级会员 □禁止访问 □邮件认证

禁止设置字段值的角色 □超级管理员 □站点管理员 □运营总监 □总编 □编辑 □发布人员

图 6-7

【说明】

作为主表字段：在 PHPCMS V9 中，每个模型都会生成两张数据库表，例如，news 模型会生成 v9_news、v9_news_data 两张数据库表，主表 v9_news 用于存储主表字段，v9_news_data 用于存储副表字段。在使用 list 标签调用数据时，如果要调用副表字段，则需要在{PC}标签中加入属性标签代码 moreinfo="1"。

相关参数：这一项需根据不同的字段类型进行设置。

作为万能字段的附属字段：这个功能必须与万能字段结合使用，否则所添加的内容不会正常显示。

2. 万能字段

PHPCMS V9 中新增加了万能字段，用户可以通过万能字段来实现一些常规字段无法实现的表单布局与功能。下面以创建租房模型为例来介绍万能字段的使用方法。

（1）创建租房模型，如图 6-8 所示。

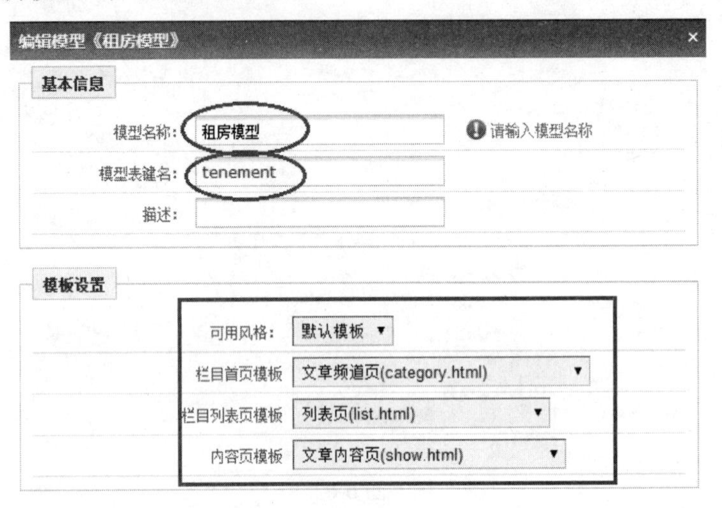

图 6-8

（2）添加万能字段。设置“字段名”为“tenement”，“字段别名”为“租房详细信息”，并在“相关参数”文本框中加入附属字段设置，如图 6-9 所示。

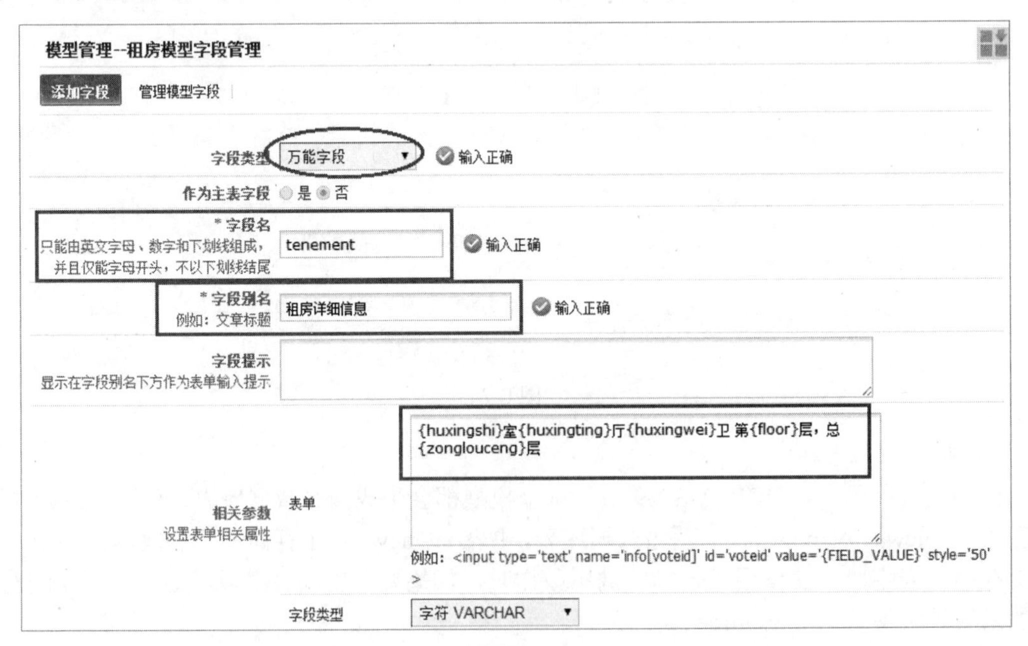

图 6-9

（3）添加万能字段“tenement”的各个附属字段，以户型厅（huxingting）为例，按图 6-10 所示添加。其他附属字段按照同样的操作进行添加。

图 6-10

（4）添加完附属字段后，单击“预览模型”按钮查看效果，如图 6-11 所示。

图 6-11

6.2 任务实施

6.2.1 创建关于花公子栏目

6.2.1 创建关于花公子栏目

1. 分析关于花公子栏目的内容项

根据网站功能说明书及相应的 Web 页面可知，关于花公子栏目应包括标题、关键词、摘要、内容、发布时间、排序等内容项。

2. 创建关于花公子栏目模型

步骤 1：在 PHPCMS 后台主界面中选择“内容”选项卡，然后在左侧列表中选择“内容相关设置”下的“模型管理”选项，如图 6-12 所示。

图 6-12

步骤 2：单击“添加模型”按钮，将会弹出“添加模型”界面，输入“模型名称”和“模型表键名”后单击“确定”按钮，如图 6-13 所示，此时在模型列表中将会出现“关于花公子模型”信息，如图 6-14 所示。

添加模型

基本信息

模型名称：关于花公子模型 输入正确

模型表键名：about 输入正确

描述：

模板设置

可用风格：请选择

栏目首页模板：

栏目列表页模板：

内容页模板：

其他模板设置

确定 取消

图 6-13

当前位置：内容 > 内容相关设置 > 模型管理 > 生成首页 更新缓存 后台地图

添加模型 模型管理 | 导入模型

modelid	模型名称	数据表	描述	状态	数据量	管理操作
1	文章模型	news		√	4	字段管理 | 修改 | 禁用 | 删除 | 导出
2	下载模型	download		√	1	字段管理 | 修改 | 禁用 | 删除 | 导出
3	图片模型	picture		√	2	字段管理 | 修改 | 禁用 | 删除 | 导出
11	视频模型	video		√	0	字段管理 | 修改 | 禁用 | 删除 | 导出
12	关于花公子模型	about		√	0	字段管理 | 修改 | 禁用 | 删除 | 导出

图 6-14

步骤 3：单击“关于花公子模型”右侧的“字段管理”链接，将会进入“关于花公子模型字段管理”界面，并按如图 6-15 所示进行设置。

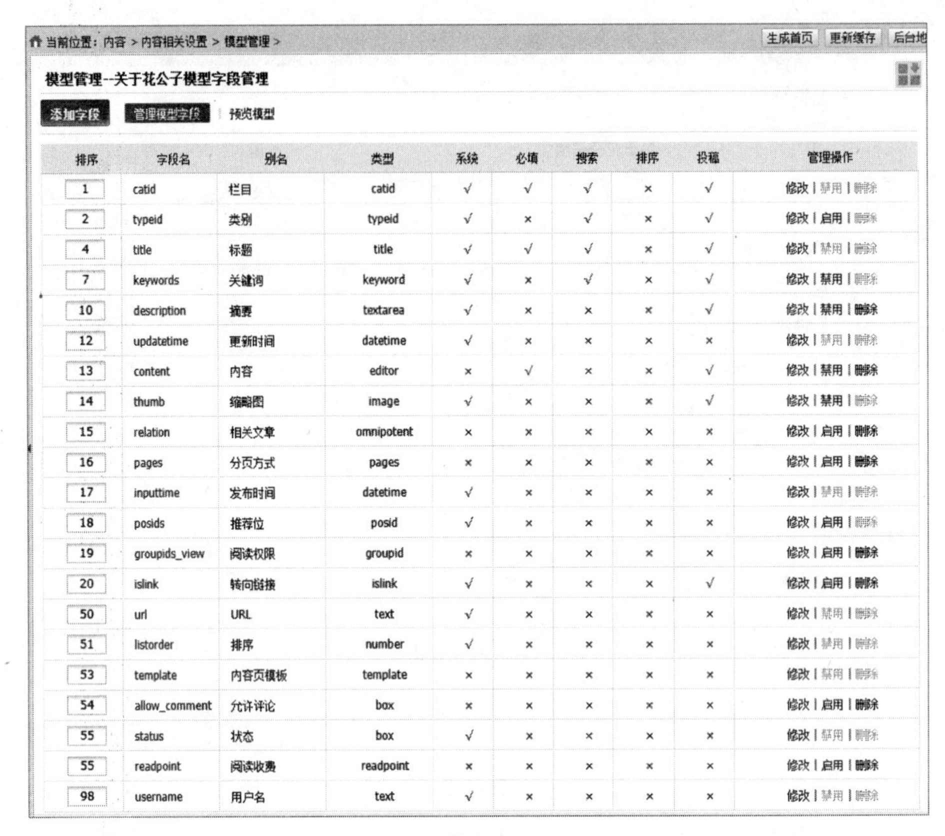

当前位置：内容 > 内容相关设置 > 模型管理 >　　生成首页　更新缓存　后台地

模型管理--关于花公子模型字段管理

添加字段　管理模型字段　预览模型

排序	字段名	别名	类型	系统	必填	搜索	排序	投稿	管理操作
1	catid	栏目	catid	√	√	√	×	√	修改 | 禁用 | 删除
2	typeid	类别	typeid	√	×	√	×	√	修改 | 启用 | 删除
4	title	标题	title	√	√	√	×	√	修改 | 禁用 | 删除
7	keywords	关键词	keyword	√	×	√	×	√	修改 | 禁用 | 删除
10	description	摘要	textarea	√	×	×	×	√	修改 | 禁用 | 删除
12	updatetime	更新时间	datetime	√	×	×	×	×	修改 | 禁用 | 删除
13	content	内容	editor	×	√	×	×	√	修改 | 禁用 | 删除
14	thumb	缩略图	image	√	×	×	×	√	修改 | 禁用 | 删除
15	relation	相关文章	omnipotent	×	×	×	×	×	修改 | 启用 | 删除
16	pages	分页方式	pages	×	×	×	×	×	修改 | 启用 | 删除
17	inputtime	发布时间	datetime	√	×	×	×	×	修改 | 禁用 | 删除
18	posids	推荐位	posid	√	×	×	×	×	修改 | 启用 | 删除
19	groupids_view	阅读权限	groupid	×	×	×	×	×	修改 | 启用 | 删除
20	islink	转向链接	islink	√	×	×	×	√	修改 | 启用 | 删除
50	url	URL	text	√	×	×	×	×	修改 | 禁用 | 删除
51	listorder	排序	number	√	×	×	×	×	修改 | 禁用 | 删除
53	template	内容页模板	template	×	×	×	×	×	修改 | 禁用 | 删除
54	allow_comment	允许评论	box	×	×	×	×	×	修改 | 启用 | 删除
55	status	状态	box	√	×	×	×	×	修改 | 禁用 | 删除
55	readpoint	阅读收费	readpoint	×	×	×	×	×	修改 | 启用 | 删除
98	username	用户名	text	√	×	×	×	×	修改 | 禁用 | 删除

图 6-15

步骤 4：关于花公子模型字段设置完成后，单击该模型列表左上方的“预览模型”按钮，即可查看该模型的页面效果，如图 6-16 所示，此时关于花公子模型创建完成。

图 6-16

3. 创建关于花公子栏目

步骤1：在PHPCMS后台主界面中选择“内容”选项卡，然后在左侧列表中选择“内容相关设置”下的“管理栏目”选项，并将自带的栏目删除，如图6-17所示。

图6-17

步骤2：在如图6-17所示的界面上，单击“添加栏目”按钮进入添加栏目的“基本选项”界面，并进行相关设置，如图6-18所示。

管理栏目 | 添加栏目 | 添加单网页 | 添加外部链接 | 更新栏目缓存 | 重新统计栏目数据 | 批量编辑

基本选项 | 生成HTML设置 | 模板设置 | SEO 设置 | 权限设置 | 收费设置

添加方式：◉ 单条添加 ○ 批量添加
请选择模型：关于我们模型 输入正确
上级栏目：≡ 作为一级栏目 ≡
栏目名称：关于花公子 输入正确
英文目录：about 输入正确
栏目图片： 上传图片
描述：
工作流：不需要审核
是否在导航显示：◉ 是 ○ 否
提交

图6-18

步骤 3： 基本选项设置完成后，选择“模板设置”选项卡，暂时将“可用风格”设置为“默认模板”，如图 6-19 所示，设置完成后单击“提交”按钮，此时将会弹出操作成功的提示界面，然后单击“更新栏目缓存”按钮即可成功添加关于花公子栏目，如图 6-20 所示。

图 6-19

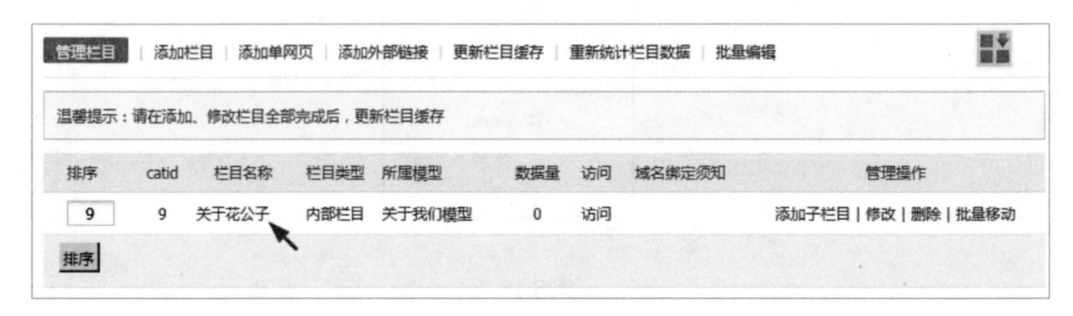

图 6-20

4. 发布关于花公子栏目文章内容

根据关于花公子版面效果图，发布关于花公子栏目的文章内容，具体的操作步骤如下。

步骤 1： 在 PHPCMS 后台主界面中选择“内容”选项卡，然后在左侧列表中选择“内容发布管理”下的“管理内容”选项，最后选择栏目列表中的“关于花公子”选项并单击“添加内容”按钮，如图 6-21 所示。

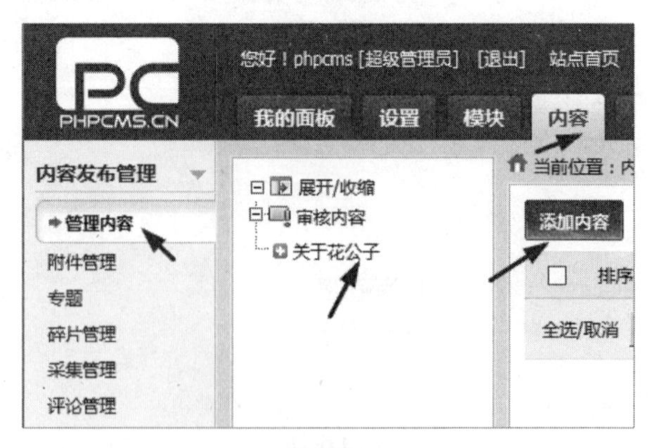

图 6-21

步骤 2：在“添加内容”界面上编辑好内容后，单击“保存后自动关闭”按钮即可发布一篇文章，如果想继续发布，则可以在编辑好内容后单击“保存并继续发表”按钮，如图 6-22 所示。

当前位置：内容 > 内容发布管理 > 添加内容

* 栏目　关于花公子 [同时发布到其他栏目]

* 标题　公司概况　检测重复　还可输入68 个字符

关键词　多关键词之间用空格或者“,”隔开

摘要

还可输入255 个字符

* 内容

源码　样式　普通　字体　大小

花公子蜂业科技有限公司成立于2011年，公司注册资金50万元，现已发展成为集科研、生产、经营于一体的蜂产品高新技术企业，公司拥有百花蜜、野蜂蜜、蜂花粉、蜂王浆、蜂胶等系列30多个品种的主营产品。其销售网络遍布全国各地，每年向上百万的消费者提供优质的天然蜂产品和保健食品，为消费者的身体健康提供了值得信赖的服务。公司一直以来贯彻“自然、创新、优质”的产品创造原则，并以此原则来指导科研和生产过程中的所有行为。

公司拥有按照GMP标准建设的现代化大型蜂产品加工基地；拥有先进的检测仪器、理化实验室、生产加工设备和配套冷藏设施，保证了检测手段齐备、加工能力强、产品品质起点高，实现了与国家标准以及国际标准的对接。拥有高科技的现代化蜂蜜浓缩生产线、蜂蜜灌装生产线、全自动果冻王浆生产线、硬胶囊生产线、颗粒花粉及破壁花粉生产线等多条蜂产品生产线。产品能够满足国家标准、日本标准、美国标准、欧盟标准等要求。

公司目前致力于蜂产品在保健、美食和蜂疗等多方面的研究和应用。

公司的网址为http://www.×××.com，免费咨询热线为 400-×××××××。

分页符　子标题　附件上传

□是否截取内容 200 字符至内容摘要　□是否获取内容第 1 张图片作为标题图片

保存后自动关闭　保存并继续发表　关闭(X)

图 6-22

步骤 3：发布成功后，该文章将出现在文章列表中，如图 6-23 所示。

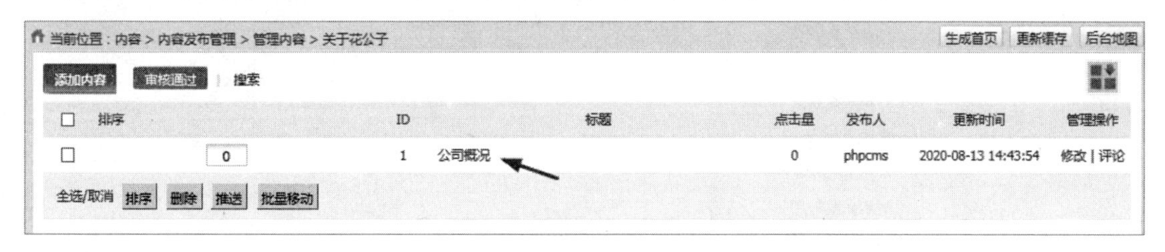

图 6-23

按照上述发布文章的步骤，在关于花公子栏目中继续发布组织机构、企业场景、企业视频、企业荣耀文章，发布完成后的效果如图 6-24 所示。

图 6-24

6.2.2　创建新闻动态栏目

6.2.2 创建新闻动态栏目

1. 分析新闻动态栏目的内容项

根据网站功能说明书及相应的 Web 页面可知，新闻动态栏目应包括标题、类别、来源、关键词、摘要、内容、发布时间、排序内容项。

2. 创建新闻动态栏目模型

步骤 1：在 PHPCMS 后台主界面中选择“内容”选项卡，然后在左侧列表中选择“内容相关设置”下的“模型管理”选项，如图 6-25 所示。

图 6-25

步骤 2：单击“添加模型”按钮，将会弹出“添加模型”界面，输入“模型名称”和“模型表键名”后单击“确定”按钮，如图 6-26 所示，此时在模型列表中将会出现“新闻动态模型”信息。

图 6-26

步骤 3：单击“新闻动态模型”右侧的“字段管理”链接，将会进入“新闻动态模型字段管理”界面，在该界面中，除标题、类别、关键词、摘要、内容、发布时间、排序 7 个字段以外，其他字段均设置为禁用。

步骤 4：新闻动态模型字段设置完成后，单击新闻动态模型列表左上方的“预览模型”按钮，即可查看该模型的页面效果，如图 6-27 所示。

图 6-27

3. 创建新闻动态相关栏目

步骤 1：在 PHPCMS 后台主界面中选择“内容”选项卡，然后在左侧列表中选择“内容相关设置”下的“管理栏目”选项，并单击“添加栏目”按钮，此时将会进入添加栏目的“基本选项”界面，在此界面中对相关选项进行设置，如图 6-28 所示。

基本选项 | 生成HTML设置 | 模板设置 | SEO 设置 | 权限设置 | 收费设置

添加方式：◉ 单条添加　○ 批量添加

请选择模型：新闻动态模型　输入正确

上级栏目：≡ 作为一级栏目 ≡

栏目名称：新闻动态　输入正确

英文目录：article　输入正确

栏目图片：　上传图片

描述：

工作流：不需要审核

是否在导航显示：◉ 是　○ 否

提交

图 6-28

步骤 2：基本选项设置完成后，选择“模板设置”选项卡，暂时将“可用风格”设置为“默认模板”，设置完成后单击“提交”按钮，此时将会弹出操作成功的提示界面，然后单击“更新栏目缓存”按钮即可成功添加新闻动态栏目。

步骤 3：添加子栏目。单击“新闻动态”栏目右侧的“添加子栏目”链接，如图 6-29 所示，此时将会打开添加子栏目的“基本选项”界面，如图 6-30 所示。

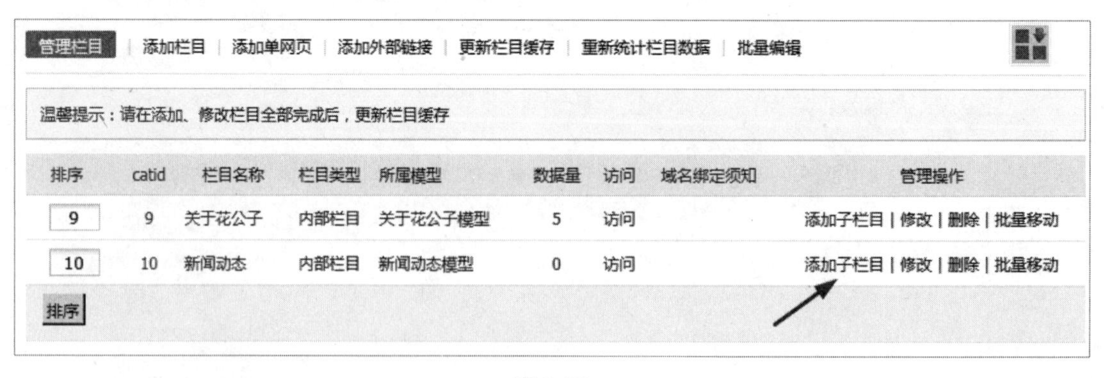

排序	catid	栏目名称	栏目类型	所属模型	数据量	访问	域名绑定须知	管理操作
9	9	关于花公子	内部栏目	关于花公子模型	5	访问		添加子栏目 | 修改 | 删除 | 批量移动
10	10	新闻动态	内部栏目	新闻动态模型	0	访问		添加子栏目 | 修改 | 删除 | 批量移动

图 6-29

基本选项 | 生成HTML设置 | 模板设置 | SEO 设置 | 权限设置 | 收费设置

添加方式：◉ 单条添加 ○ 批量添加

请选择模型：新闻动态模型 请选择模型

上级栏目：新闻动态

栏目名称：企业新闻 输入正确

英文目录：qyxw 输入正确

栏目图片： 上传图片

描述：

工作流：不需要审核

是否在导航显示：◉ 是 ○ 否

提交

图 6-30

步骤 4：选择“模板设置”选项卡并暂时将“可用风格”设置为“默认模板”，设置完成后单击“提交”按钮，此时将会弹出操作成功的提示界面，然后单击“更新栏目缓存”按钮即可成功添加“企业新闻”子栏目。

按照步骤 3 和步骤 4 的操作，添加“行业新闻”子栏目。新闻动态相关栏目创建完成后的效果如图 6-31 所示。

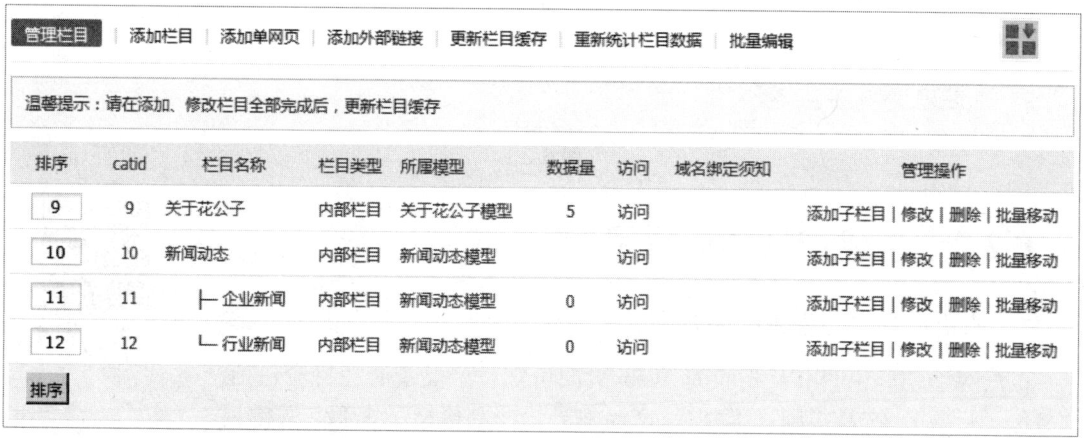

管理栏目 | 添加栏目 | 添加单网页 | 添加外部链接 | 更新栏目缓存 | 重新统计栏目数据 | 批量编辑

温馨提示：请在添加、修改栏目全部完成后，更新栏目缓存

排序	catid	栏目名称	栏目类型	所属模型	数据量	访问	域名绑定须知	管理操作
9	9	关于花公子	内部栏目	关于花公子模型	5	访问		添加子栏目 | 修改 | 删除 | 批量移动
10	10	新闻动态	内部栏目	新闻动态模型		访问		添加子栏目 | 修改 | 删除 | 批量移动
11	11	├ 企业新闻	内部栏目	新闻动态模型	0	访问		添加子栏目 | 修改 | 删除 | 批量移动
12	12	└ 行业新闻	内部栏目	新闻动态模型	0	访问		添加子栏目 | 修改 | 删除 | 批量移动

排序

图 6-31

4. 发布新闻动态子栏目文章内容

根据新闻动态版面效果图，按照发布关于花公子栏目文章内容的步骤发布新闻动态子栏目文章内容。企业新闻文章列表如图 6-32 所示，行业新闻文章列表如图 6-33 所示。

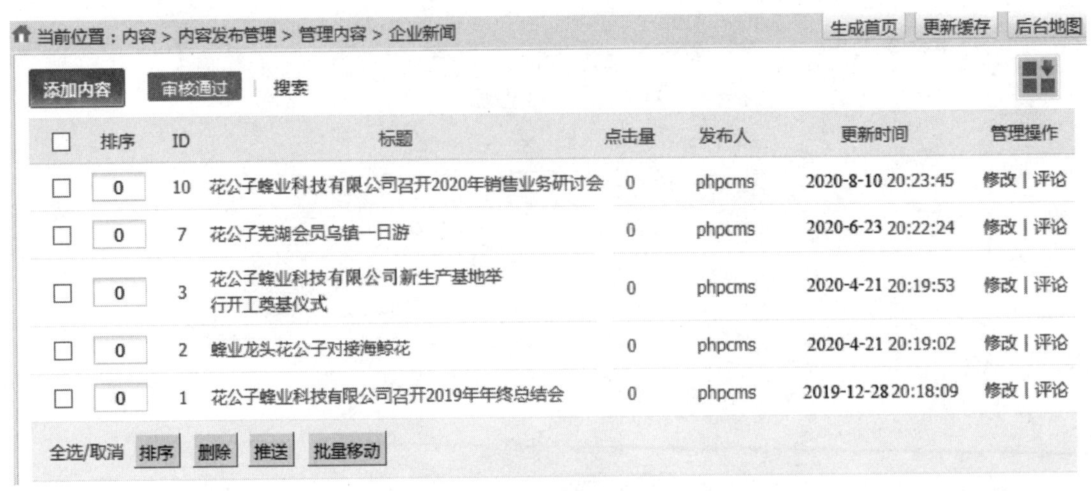

图 6-32

图 6-33

6.2.3 创建产品中心栏目

6.2.3 创建产品中心栏目

1. 分析产品中心栏目的内容项

根据网站功能说明书及相应的 Web 页面可知，产品中心栏目应包括产品名称（标题）、产品类别（类别）、产品编号、产品价格、来源、关键词、摘要、缩略图、产品详情（内容）、发布时间、排序内容项。

2. 创建产品中心栏目模型

步骤 1： 在 PHPCMS 后台主界面中选择“内容”选项卡，然后在左侧列表中选择“内容相关设置”下的“模型管理”选项并单击“添加模型”按钮，如图 6-34 所示。此时将会弹出“添加模型”界面，在该界面中输入“模型名称”和“模型表键名”后单击“确定”按钮，如图 6-35 所示，此时在模型列表中就可以看到所添加的“产品中心模型”信息，如图 6-36 所示。

图 6-34

添加模型

基本信息

模型名称： 产品中心模型 输入正确

模型表键名： product 输入正确

描述：

模板设置

可用风格： 请选择

栏目首页模板：

栏目列表页模板：

内容页模板：

其他模板设置

确定 取消

图 6-35

添加模型 模型管理 | 导入模型

modelid	模型名称	数据表	描述	状态	数据量	管理操作
1	文章模型	news		√	4	字段管理 | 修改 | 禁用 | 删除 | 导出
2	下载模型	download		√	1	字段管理 | 修改 | 禁用 | 删除 | 导出
3	图片模型	picture		√	2	字段管理 | 修改 | 禁用 | 删除 | 导出
11	视频模型	video		√	0	字段管理 | 修改 | 禁用 | 删除 | 导出
12	关于花公子模型	about		√	0	字段管理 | 修改 | 禁用 | 删除 | 导出
13	新闻动态模型	article		√	0	字段管理 | 修改 | 禁用 | 删除 | 导出
14	产品中心模型	product		√	0	字段管理 | 修改 | 禁用 | 删除 | 导出

图 6-36

步骤 2：单击“产品中心模型”右侧的“字段管理”链接，将会进入“产品中心模型字段管理”界面，在该界面中，除产品名称（标题）、产品类别（类别）、关键词、摘要、缩略图、产品详情（内容）、发布时间、排序 8 个字段以外，其他字段均设置为禁用。

步骤 3：把字段名为“title”的别名更改为“产品名称”，把字段名为“typeid”的别名更改为“产品类别”。

步骤 4：添加“产品编号”和“产品价格”字段，具体的操作步骤如下。

① 在“产品中心模型字段管理”界面上单击“添加字段”按钮，如图 6-37 所示。

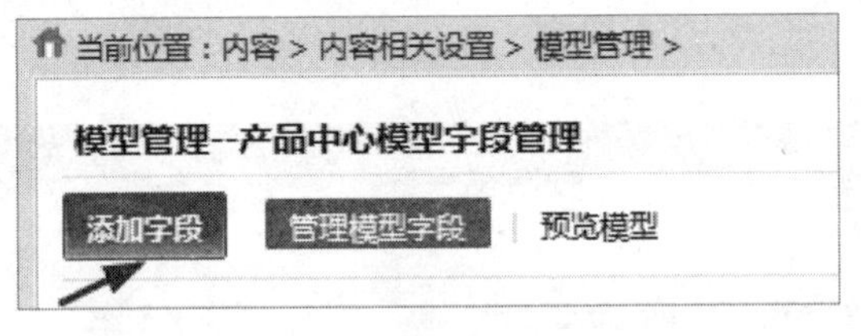

图 6-37

② 添加“产品编号”字段。在字段编辑界面中，根据如下信息项进行设置。

- 字段类型：单行文本。
- 作为主表字段：是。
- 字段名：pro_title。
- 字段别名：产品编号。

注意：其他信息项使用默认设置即可。

③ 添加完“产品编号”字段后，按照上述步骤继续添加“产品价格”字段，具体的信息项设置如下。

- 字段类型：单行文本。
- 作为主表字段：是。
- 字段名：pro_price。

- 字段别名：产品价格。
- 数据校验正则：选择数字。

注意：其他信息项使用默认设置即可。

步骤 5：按照“栏目—产品名称—产品类别（类别）—产品编号—产品价格—关键词—摘要—缩略图—产品详情”的顺序进行排序。

步骤 6：产品中心模型字段设置完成后，单击该模型列表左上方的“预览模型”按钮，即可查看该模型的页面效果，如图 6-38 所示。

图 6-38

3. 创建产品中心相关栏目

步骤 1：在 PHPCMS 后台主界面中选择“内容”选项卡，然后在左侧列表中选择“内容相关设置”下的“管理栏目”选项，并单击“添加栏目”按钮，此时将进入添加栏目的“基本选项”界面，在该界面中对相关选项进行设置，如图 6-39 所示。

步骤 2：基本选项设置完成后，选择“模板设置”选项卡，暂时将“可用风格”设置为“默认模板”，设置完成后单击“提交”按钮，此时将会弹出操作成功的提示界面，然后单击“更新栏目缓存”按钮即可成功添加产品中心栏目，如图 6-40 所示。

管理栏目 | 添加栏目 | 添加单网页 | 添加外部链接 | 更新栏目缓存 | 重新统计栏目数据 | 批量编辑

基本选项 | 生成HTML设置 | 模板设置 | SEO 设置 | 权限设置 | 收费设置

添加方式：◉ 单条添加 ○ 批量添加

请选择模型：产品中心模型 ✔ 输入正确

上级栏目：≡ 作为一级栏目 ≡

栏目名称：产品中心 ✔ 输入正确

英文目录：product ✔ 输入正确

栏目图片： 上传图片

描述：

工作流：不需要审核

是否在导航显示：◉ 是 ○ 否

提交

图 6-39

管理栏目 | 添加栏目 | 添加单网页 | 添加外部链接 | 更新栏目缓存 | 重新统计栏目数据 | 批量编辑

温馨提示：请在添加、修改栏目全部完成后，更新栏目缓存

排序	catid	栏目名称	栏目类型	所属模型	数据量	访问	域名绑定须知	管理操作
9	9	关于花公子	内部栏目	关于花公子模型	5	访问		添加子栏目 | 修改 | 删除 | 批量移动
10	10	新闻动态	内部栏目	新闻动态模型		访问		添加子栏目 | 修改 | 删除 | 批量移动
11	11	├ 企业新闻	内部栏目	新闻动态模型	5	访问		添加子栏目 | 修改 | 删除 | 批量移动
12	12	└ 行业新闻	内部栏目	新闻动态模型	5	访问		添加子栏目 | 修改 | 删除 | 批量移动
13	13	产品中心	内部栏目	产品中心模型	0	访问		添加子栏目 | 修改 | 删除 | 批量移动

排序

图 6-40

步骤 3：按照添加新闻动态子栏目的步骤添加产品中心子栏目，根据产品中心版面效果图，添加百花蜜、龙眼蜜、椴树蜜、黄连蜜、橙花蜜 5 个子栏目，如图 6-41 所示。

管理栏目 | 添加栏目 | 添加单网页 | 添加外部链接 | 更新栏目缓存 | 重新统计栏目数据 | 批量编辑

温馨提示：请在添加、修改栏目全部完成后，更新栏目缓存

排序	catid	栏目名称	栏目类型	所属模型	数据量	访问	域名绑定须知	管理操作
9	9	关于花公子	内部栏目	关于花公子模型	5	访问		添加子栏目 | 修改 | 删除 | 批量移动
10	10	新闻动态	内部栏目	新闻动态模型		访问		添加子栏目 | 修改 | 删除 | 批量移动
11	11	├ 企业新闻	内部栏目	新闻动态模型	5	访问		添加子栏目 | 修改 | 删除 | 批量移动
12	12	└ 行业新闻	内部栏目	新闻动态模型	5	访问		添加子栏目 | 修改 | 删除 | 批量移动
13	13	产品中心	内部栏目	产品中心模型		访问		添加子栏目 | 修改 | 删除 | 批量移动
14	14	├ 百花蜜	内部栏目	产品中心模型	0	访问		添加子栏目 | 修改 | 删除 | 批量移动
15	15	├ 龙眼蜜	内部栏目	产品中心模型	0	访问		添加子栏目 | 修改 | 删除 | 批量移动
16	16	├ 椴树蜜	内部栏目	产品中心模型	0	访问		添加子栏目 | 修改 | 删除 | 批量移动
17	17	├ 黄连蜜	内部栏目	产品中心模型	0	访问		添加子栏目 | 修改 | 删除 | 批量移动
18	18	└ 橙花蜜	内部栏目	产品中心模型	0	访问		添加子栏目 | 修改 | 删除 | 批量移动

图 6-41

4. 发布产品中心栏目产品内容

为了后续测试的需要，根据产品中心版面效果图，按照发布关于花公子栏目文章内容的步骤发布产品内容。

6.2.4 创建给我留言栏目

6.2.4 创建给我留言栏目

PHPCMS 系统没有内置留言功能，用户想要实现留言功能，可以采用以下两种方法。

方法一：通过网络下载 PHPCMS 系统的给我留言插件，然后按照其安装、使用说明进行操作即可。

方法二：利用 PHPCMS 系统的表单向导实现留言功能。

在本项目中，给我留言栏目的名称“给我留言”需在导航上出现，并能够链接到相应的表单页（即留言页面），创建该栏目的具体操作步骤如下。

步骤 1：在“管理栏目”页面上单击“添加单页”链接，如图 6-42 所示，此时将会进入“基本选项”页面，在此页面上进行如下设置。

- 上级栏目：作为一级栏目。
- 栏目名称：给我留言。
- 英文目录：guestbook。
- 栏目图片：不填。
- 描述：不填。
- 是否在导航显示：是。

“基本选项”界面设置完成后的效果如图 6-43 所示。

图 6-42

图 6-43

步骤 2：基本选项设置完成后，选择“模板设置”选项卡，暂时将可用风格设置为默认模板，设置完成后单击“提交”按钮，此时将会弹出操作成功的消息提示，然后单击“更新栏目缓存”链接即可成功添加给我留言栏目。

6.2.5 创建联系我们栏目

6.2.5 创建联系我们栏目

1. 分析联系我们栏目的内容项

根据网站功能说明书及相应的 Web 页面可知，联系我们栏目至少应包含标题、内容两个内容项。

2. 创建联系我们栏目模型

联系我们栏目为单页面（即只有 1 个页面），PHPCMS 系统提供了专门创建单页面的功能，因此，用户无须另外创建联系我们栏目模型。

3. 创建联系我们相关栏目

步骤 1：在 PHPCMS 后台主界面中选择“内容”选项卡，然后在左侧列表中选择“内容相关设置”下的“管理栏目”选项，并单击“添加单网页”按钮，此时将会进入添加单网页“基本选项”界面，在该界面上填写联系我们栏目的相关信息，如图 6-44 所示。

步骤 2：基本选项设置完成后，选择“模板设置”选项卡，暂时将“可用风格”设置为“默认模板”，设置完成后单击“提交”按钮，此时将会弹出操作成功的提示界面，然后单击“更新栏目缓存”按钮即可成功添加联系我们栏目。

4. 编辑联系我们栏目内容

编辑联系我们栏目内容的操作非常简单，在 PHPCMS 后台主界面中选择“内容”选项卡，然后在左侧列表中选择“内容发布管理”下的“管理内容”选项，并选择“联系我们”选项，此时将会进入联系我们栏目编辑界面，如图 6-45 所示。

图 6-44

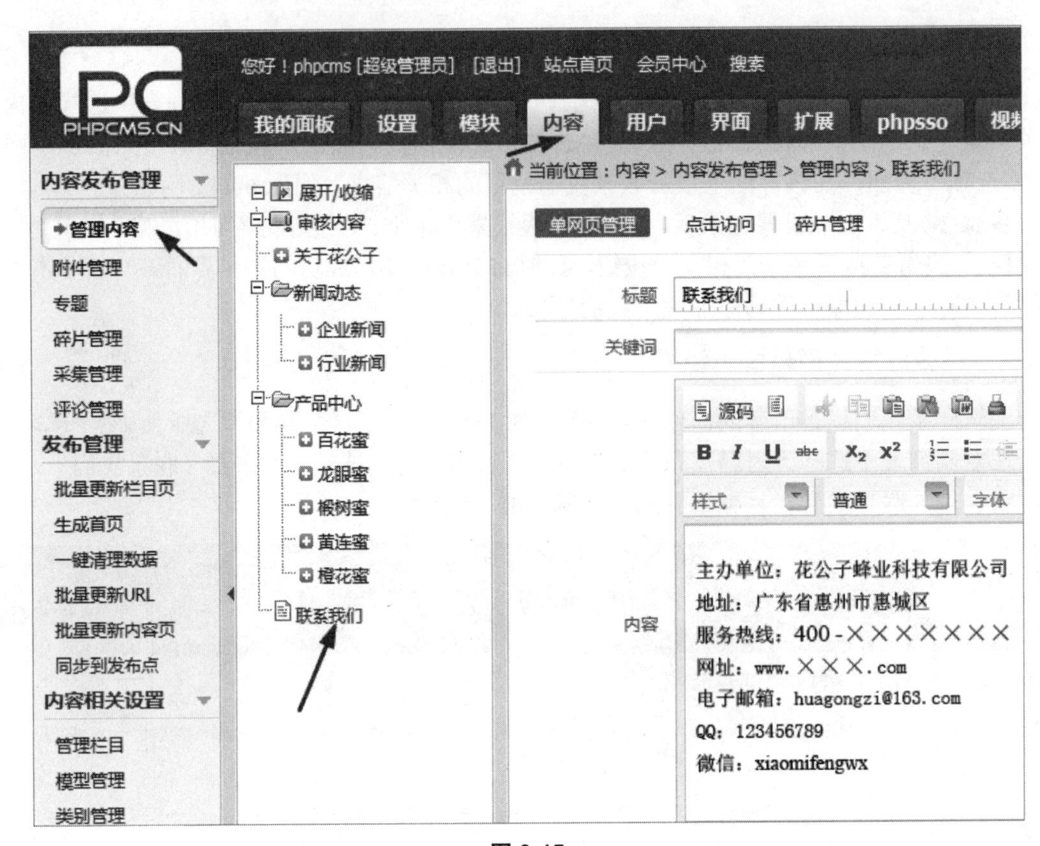

图 6-45

为了使导航项按照版面的要求排列，栏目创建完成后，用户可根据图 6-46 进行设置。

排序	catid	栏目名称
40	19	给我留言
10	9	关于花公子
20	10	新闻动态
21	11	├ 企业新闻
22	12	└ 行业新闻
30	13	产品中心
31	14	├ 百花蜜
32	15	├ 龙眼蜜
33	16	├ 椴树蜜
34	17	├ 黄连蜜
35	18	└ 橙花蜜
50	20	联系我们

图 6-46

6.3 经验分享

（1）真正理解模型与栏目之间的关系，有利于实现不同类型网站的功能需求。

（2）在网站项目实施的过程中，当所建模型的常规字段不能满足应用需求时，可考虑使用万能字段。

6.4 技能训练

（1）根据智网电子贸易有限公司门户网站功能说明书创建相关栏目模型。

（2）根据相应模型创建相应栏目，并根据网站版面发布相应内容。

任务 7　创建企业网站模板风格

知识目标

- 理解模板的含义。
- 熟悉模板风格目录结构。
- 掌握创建网站模板风格的方法。

技能目标

- 能够根据需求创建网站模板风格。
- 能够把网站版面“切图”所形成的 Web 页面及相关资源文件正确引入 PHPCMS 系统目录中。
- 能够正确设置网站模板的默认风格。

任务概述

- 任务内容：创建花公子蜂业科技有限公司门户网站模板风格，并把任务 3 中制作的 Web 页面及相关资源文件（CSS 文件、图片文件）引入 PHPCMS 系统目录中；设置花公子蜂业科技有限公司门户网站模板风格为默认模板风格。
- 参与人员：网站程序员。

7.1　知识准备

7.1.1　模板的含义

所谓 PHPCMS 网站模板，就是生成网页的“模子”，它是由 HTML 标签和 PHPCMS 标签组成的 HTML 文件，文件的后缀名通常为“.html”。每个栏目都可以设置不同的模板。根据 PHPCMS 模块的功能，分别把这些模板放置在以模块命名的目录下即可。

在 PHPCMS 默认的模板目录中，网页文件“header.html”和“footer.html”分别是网站所有网页的页头和页尾模板；网页文件“index.html”是网站首页模板；网页文件“category.html”、 “list.html”和“show.html”分别是新闻模型的栏目首页（文章频道页）、栏目列表页和内容页模板。由于 PHPCMS 认为新闻模型是最重要的，因此，新闻模型的模板默认不带后缀，其他模型的栏目首页和栏目列表页则要带上后缀，如网页文件“category-info.html”、“list-info.html”和“show-info.html”分别是信息栏目模型的栏目首页、栏目列表页和内容页模板，其他栏目依次类推。

PHPCMS 允许生成静态网页和动态网页，页面的风格都是由模板定义的。PHPCMS 无论是生成动态网页还是生成静态网页，都需要执行编译操作。编译的实质就是通过 PHPCMS 模板解析引擎，把模板中的 PHPCMS 标签转换为 PHP 语句，并形成标准的 PHP 文件，然后将其保存在缓存相应的目录中，这样就生成了动态网页。如果把生成的动态网页再进行一次“置换”，就可以生成静态网页了。这就是 PHPCMS 系统的模板机制，灵活运用这个机制，可以设定不同子栏目灵活多变的模板。

7.1.2 模板风格目录结构

1. PHPCMS 默认模板风格目录结构

PHPCMS 模板位于安装目录的“\phpcms\templates\”内，在这个目录内，有一个名为“default”的文件夹，该文件夹用于存放 PHPCMS 默认模板风格，进入“default”文件夹，可以看到里面有多个子文件夹和文件，如图 7-1 所示。

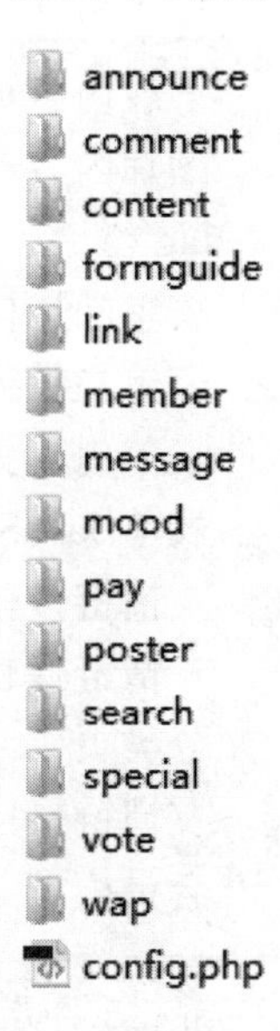

图 7-1

以下对“default”文件夹下的子文件夹及文件进行简要说明。

（1）announce	网站公告模块
show.html	网站公告内容页
（2）comment	评论模块
show_list.html	内容页评论列表

list.html　　评论列表

（3）content　　内容模块

category.html　　文章栏目首页
category_download.html　　下载栏目首页
category_picture.html　　图片栏目首页
download.html　　下载链接页
footer.html　　页尾
header.html　　页头
header_min.html　　迷你页头部
header_page.html　　单网页头部
index.html　　网站首页
list.html　　栏目列表页
list_download.html　　下载栏目列表页
list_picture.html　　图片栏目列表页
message.html　　消息提示页
page.html　　单网页
rss.html　　RSS 页
search.html　　搜索栏
show.html　　文章内容页
show_download.html　　下载内容页
show_picture.html　　图片内容页
tag.html　　tag 栏

（4）formguide　　表单向导模块

index.html　　表单栏目列表页
show.html　　表单内容页
show_js.html　　表单 JavaScript 调用页

（5）link　　友情链接模块

index.html　　友情链接首页
list_type.html　　分类页
register.html　　友情链接申请页

（6）member　　会员模型

account_manage.html　　会员管理
account_manage_avatar.html　　头像管理
account_manage_info.html　　会员信息管理
account_manage_left.html　　会员信息管理左侧菜单
account_manage_password.html　　修改密码
account_manage_upgrade.html　　会员升级
change_credit.html　　兑换积分
connect_sina.html　　新浪账号登录
content_publish.html　　投稿页面

content_publish_select_model.html	投稿模型选择
content_published.html	已投稿管理
favorite_list.html	收藏列表
footer.html	会员页底部
forget_password.html	密码找回页面
header.html	会员页头部
index.html	会员首页
left.html	左侧菜单
login.html	登录页面
mini.html	头部登录条
protocol.html	注册协议
register.html	注册页面
（7）message	短消息模块
group.html	系统消息
inbox.html	收件箱
outbox.html	发件箱
read.html	短消息查看
read_group.html	系统消息查看
read_only.html	已发送消息
send.html	写消息
（8）mood	新闻模块
（9）pay	支付模块
deposit.html	支付页
pay_list.html	支付记录页
payment_cofirm.html	支付确认页
spend_list.html	消费记录页
（10）poster	广告管理模块
banner.html	矩形横幅
couplet.html	对联广告
fixure.html	固定位置
float.html	漂浮移动
imagechange.html	图片轮换广告
imagelist.html	图片列表广告
text.html	文字广告
（11）search	全文搜索
footer.html	搜索页底部
header.html	搜索页头部
index.html	首页
list.html	栏目列表页

（12）special 专题模块

api_picture.html 组图
comment.html 专题首页评论栏
header.html 专题头部
index.html 专题首页
list.html 分类页
show.html 内容页
special_list.html 专题列表

（13）vote 投票模块

list_new.html 栏目列表页
show.html 展示页
submit.html 投票页
vote_result.html 投票结果页
vote_tp.html 单独显示页
vote_tp_2.html 新闻页投票模板
vote_tp_3.html 首页投票模板

（14）wap 手机门户模块

big_image.html 显示大图模板
category.html 文章频道页模板
comment_list.html 评论列表模板
footer.html 底部模板
header.html 头部模板
index.html 首页模板
list.html 栏目列表页模板
maps.html 站点地图模板
min_footer.html 小底部模板
min_header.html 小头部模板
show.html 内容显示页模板

2. 常用模板页面的类型

（1）栏目首页。栏目首页通常也被称为文章频道页，页面的文件名必须以"category"开头，例如：

category.html 文章栏目首页
category_download.html 下载栏目首页
category_info.html 信息栏目首页
category_picture.html 图片栏目首页
category_product.html 产品栏目首页
category_video.html 视频栏目首页

（2）栏目列表页。栏目列表页的文件名必须以"list"开头，例如：

list.html 文章栏目列表页

list_download..html　　　下载栏目列表页
list_picture.html　　　图片栏目列表页
list_product.html　　　产品栏目列表页
list_video.html　　　视频栏目列表页

（3）内容页。内容页通常简称内页，内容页的文件名必须以“show”开头，例如：

show.html　　　文章内容页
show_down.html　　　下载内容页
show_info.html　　　信息内容页
show_picture.html　　　图片内容页
show_product.html　　　产品内容页
show_video.html　　　视频内容页

7.1.3　创建网站模板风格的方法

因为PHPCMS的模板位于“\phpcms\templates\”目录下，因此，创建网站模板风格的操作比较简单，进入该目录并创建模板风格文件夹，该文件夹的名称即为模板风格标识，创建完成后，该模板风格的信息将会在模板风格列表中输出。以创建模板风格“test”为例，操作示意如图7-2和图7-3所示。

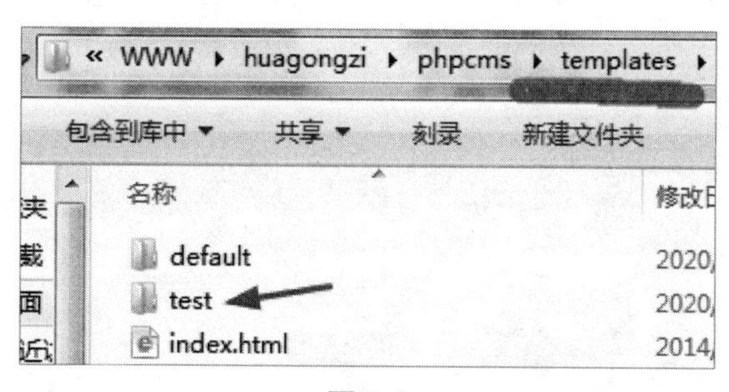

图7-2

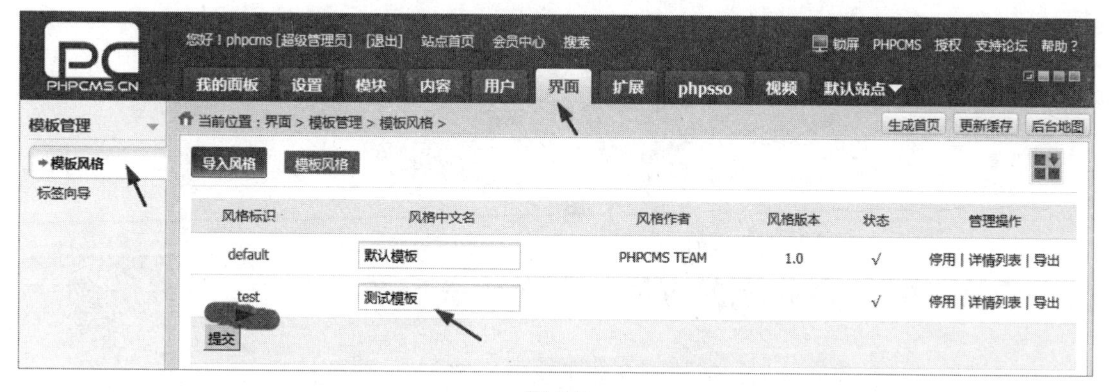

图7-3

7.2 任务实施

7.2.1 创建网站模板风格

7.2.1 创建网站模板风格

步骤 1：创建模板风格文件夹。进入“/phpcms/templates/”目录，创建“huagongzi”文件夹，如图 7-4 所示，进入该文件夹后继续创建“content”文件夹（“content”文件夹主要用于存放花公子网站模板 Web 页面）。

图 7-4

步骤 2：设置模板风格中文名。在 PHPCMS 后台主界面中选择“界面”选项卡，然后在左侧列表中选择“模板管理”下的“模板风格”选项，此时将会进入模板风格列表页面，把“风格标识”为“huagongzi”的“风格中文名”设置为“花公子蜂蜜模板”，如图 7-5 所示。

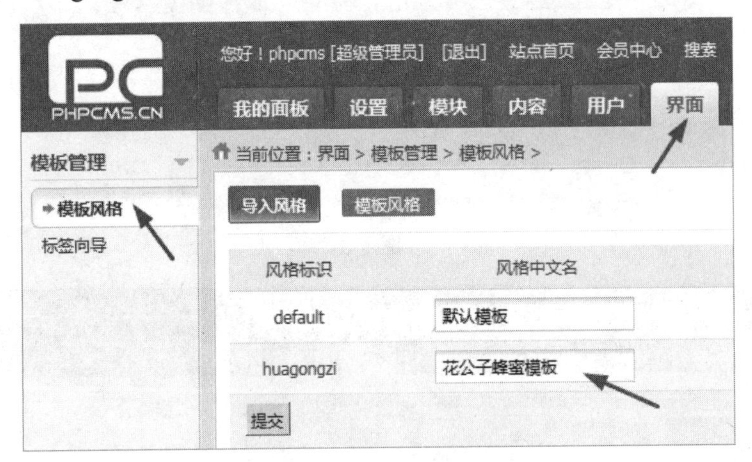

图 7-5

7.2.2 引入企业网站 Web 页面相关文件

7.2.2 引入企业网站 Web 页面相关文件

网站模板风格创建完成后，需要把花公子企业网站 Web 页面相关文件引入 PHPCMS 相应目录下，为后续制作模板做准备，具体的操作步骤如下。

步骤 1：引入 Web 页面文件。把任务 3 中制作的花公子版面 Web 页面文件复制到“huagongzi/phpcms/templates/huagongzi/content/”目录下，如图 7-6 所示。

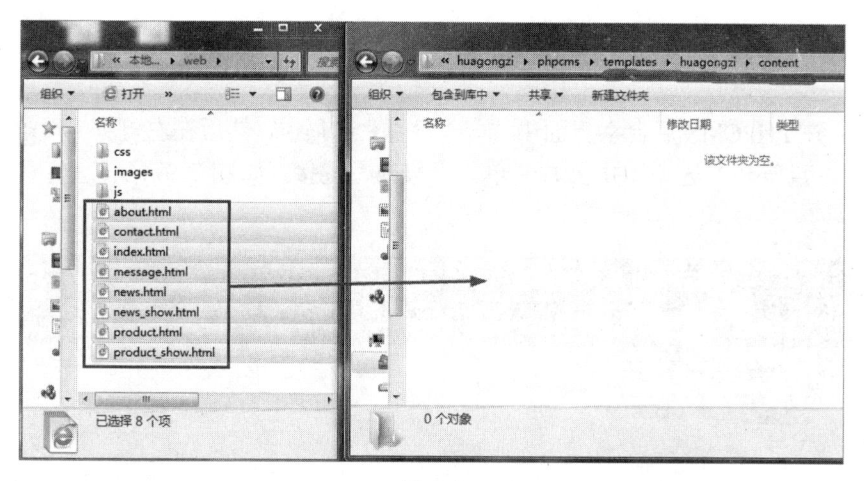

图 7-6

步骤 2：引入 CSS 文件。进入“WWW/huagongzi/statics/css/”目录，在该目录下创建“huagongzi”文件夹，并把任务 3 中制作花公子版面 Web 页面调用的 CSS 文件复制到该文件夹中，如图 7-7 所示。

图 7-7

步骤 3：引入图片文件。进入“WWW/huagongzi/statics/images/”目录，在该目录下创建“huagongzi”文件夹，并把任务 3 中制作花公子版面 Web 页面使用的图片文件复制到该文件夹中，如图 7-8 所示。

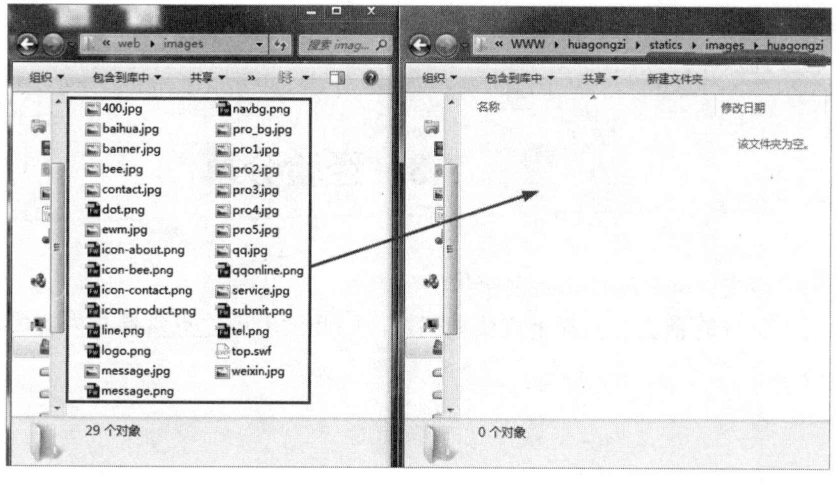

图 7-8

7.2.3 设置网站默认风格

7.2.3 设置网站默认风格

步骤1：在PHPCMS后台主界面中选择"设置"选项卡，然后在左侧列表中选择"站点管理"选项，并在右侧单击"修改"链接，如图7-9所示。

图7-9

步骤2：编辑站点信息。在弹出的"编辑站点《默认站点》"界面中按如下信息项进行设置（其他信息项使用默认设置即可）。

【基本配置】

站点名：默认站点。

【SEO配置】

- 站点标题：全国蜂蜜生产基地。
- 关键词：蜂蜜生产，蜂蜜销售，蜂蜜批发，野蜂蜜。
- 描述：花公子蜂业科技有限公司是一家集蜂蜜生产、蜂蜜批发、蜂蜜销售于一体的蜂产品高新技术企业……

【模板风格配置】

- 风格名：huagongzi。
- 默认风格：huagongzi。

【附件配置】

是否开启图片水印：关闭。

7.3 经验分享

（1）模板风格文件夹名称使用英文字母。

（2）目前大部分的企业网站都是宣传型网站，因此读者应重点掌握与内容模块相关的标签用法及技巧。

7.4 技能训练

（1）创建智网电子贸易有限公司门户网站模板风格。

（2）将智网电子贸易有限公司门户网站 Web 页面引入 PHPCMS 系统。

（3）配置智网电子贸易有限公司门户网站的站点信息。

任务 8　制作企业网站模板

知识目标

- 掌握 PHPCMS 模板语法规则。
- 掌握万能标签 get 的应用。
- 掌握 PC 标签的应用。
- 熟悉制作模板的常用标签。
- 理解 PHPCMS 碎片的含义并掌握其使用方法。
- 掌握表单向导的应用。

技能目标

- 能够按照 PHPCMS 模板语法规则，制作首页、栏目列表页、内容页及单网页模板常用标签。
- 能够使用碎片功能实现对网页碎片信息的管理。
- 能够使用万能标签 get 满足特殊应用的需求。
- 能够使用表单向导制作符合需求的表单应用。

任务概述

- 任务内容：根据花公子蜂业科技有限公司门户网站功能说明书和 Web 页面，使用 PHPCMS 模板相关知识制作网站模板。
- 参与人员：网站程序员。

8.1　知识准备

8.1.1　PHPCMS 模板语法规则

1. 变量表示

在 PHPCMS 中，{$name}被解析成<?=$name?>，表示显示变量$name 的值，其中的“name”由英文字母、数字和下画线组成，开头必须是英文字母或者下画线。

2. 常量表示

在 PHPCMS 中，{name}被解析成<?=name?>，表示显示常量 name 的值，其中的“name”由英文字母、数字和下画线组成，开头必须是英文字母或者下画线。

3. 条件判断

在 PHPCMS 中，条件判断的基本结构有{if *} * {/if}和{if *} * {else} * {else} * {/if}，其中，{if *}中的*就是此判断语句的条件表达式，它符合 PHP 的表达式。

4. 循环

PHPCMS 的循环结构有{loop $a $b} * {/loop} 和 {loop $a $b $c} * {/loop}，其中，{loop $a $b} * {/loop}被解析成如下 PHP 语句。

```
<?php
    if(is_array($a)){
        foreach($a AS $b) {
            表达式;
    }
?>
```

而{loop $a $b $c} * {/loop}则被解析成如下 PHP 语句。

```
<?php
    if(is_array($a)){
        foreach($a AS $b=>$c){
            *
        }
    }
?>
```

5. 模板包含

模板包含的标签语法为{template 'module name','file name'}。例如，标签 {template 'content','header'}表示包含模板目录“content”下的 header.html 文件。

6. 自增与自减

PHPCMS 具有自增与自减的语法结构，示例如下。

```
{php $i=10;}
{loop $a $b}
{php $i++}
{/loop}
```

【说明】

上述的结构包含自减 {$i--}{--$i}和自增 {$i++} {++$i}。

7. 单行 PHP 解析语法

在 PHPCMS 中，标签“{php $i=1;}”被解析成代码“<?php $i=1;?>”；标签“{php $string = date('Y-m-d');}”被解析成代码“<?php $string = date('Y-m-d');?>”。

在使用的过程中，建议将 if 和 loop 标签写在 HTML 注释符之间，示例如下。

```
<!--{if $a>$b}--> <!--{else}--><!--{/if}-->
<!--{loop $arr $key $val}--> <!--{/loop}-->
```

8.1.2 万能标签 get 的应用

1. get 标签样式

get 标签的样式如下所示。

```
{get dbsource=" " sql=" "} {/get}
{get dbsource=" " sql=" " /}
```

2. get 标签语法

（1）get 标签的参数值必须用双引号引起来，如{get sql=" " /}。

（2）get 标签必须含有结束标记“{/get}”或者“/”，即正确的 get 标签必须是成对出现的，如{get sql=" " }{/get}。

（3）get 标签中的变量、数组及函数必须用大括号“{}”括起来，如{str_cut($r[title], 50)}和{$r[url]}。

（4）在 get 标签的 sql 语句中，可以使用参数 rows 来限制显示的信息条数，如{get sql=" " rows="10"}{/get}。

（5）在 get 标签的 sql 语句中，可以通过 where 语句来进行条件查询。例如：

```
{get sql="select * from phpcms_content where catid=1"}。
标题：{$r[title]}
{/get}
```

3. 示例

（1）调用本系统单条数据。

示例描述：调用 ID 为 1 的信息，标题长度不超过 25 个汉字，显示更新日期。

标签代码如下。

```
{get sql="select * from phpcms_content where contentid=1" /}
标题：{str_cut($r[title], 50)}
更新日期：{date('Y-m-d', $r[updatetime])}
```

（2）调用本系统多条数据。

示例描述：调用栏目 ID 为 1 且通过审核的 10 条信息，标题长度不超过 25 个汉字，显示更新日期。

标签代码如下。

```
{get sql="select * from phpcms_content where catid=1 and status=99   order by
updatetime desc" rows="10"}
标题：{str_cut($r[title], 50)}
更新日期：{date('Y-m-d', $r[updatetime])}
{/get}
```

（3）带分页功能。

示例描述：调用栏目 ID 为 1 且通过审核的 10 条信息，标题长度不超过 25 个汉字，显示更新日期，带分页。

标签代码如下。

```
{get sql="select * from phpcms_content where catid=1 and status=99 order by updatetime
desc" rows="10" page="$page"}
标题：{str_cut($r[title], 50)}
更新日期：{date('Y-m-d', $r[updatetime])}
{/get}
分页：{$pages}
```

（4）自定义返回变量。

示例描述：调用栏目 ID 为 1 且通过审核的 10 条信息，标题长度不超过 25 个汉字，显示更新日期，返回变量为 $v。

标签代码如下。

```
{get sql="select * from phpcms_content where catid=1 and status=99 order by updatetime
desc" rows="10" return="v"}
标题：{str_cut($v[title], 50)}
更新日期：{date('Y-m-d', $v[updatetime])}
{/get}
```

（5）调用同一账号下的其他数据库。

示例描述：调用数据库为 bbs，分类 ID 为 1 的 10 个最新主题，主题长度不超过 25 个汉字，显示更新日期。

标签代码如下。

```
{get dbname="bbs" sql="select * from cdb_threads where fid=1 order by dateline desc"
 rows="10"}
标题：{str_cut($r[subject], 50)}
更新日期：{date('Y-m-d', $r[dateline])}
{/get}
```

（6）调用外部数据。

示例描述：调用数据源为 bbs，分类 ID 为 1 的 10 个最新主题，主题长度不超过 25 个汉字，显示更新日期。

标签代码如下。

```
{get dbsource="bbs" sql="select * from cdb_threads where fid=1 order by dateline desc"
rows="10"}
```

```
标题：{str_cut($r[subject], 50)}
更新日期：{date('Y-m-d', $r[dateline])}
{/get}
```

8.1.3 PC 标签的应用

1. PC 标签的声明

PHPCMS V9 是使用 PC 标签来获取数据的。PC 标签是一个双标签，即以{pc}开头，并以{/pc}结尾。PC 标签采用以下方式进行声明。

```
{pc:content action="lists" cache="3600" num="20" page="$page"} {/pc}
```

在使用 PC 标签时应注意：当一个页面中出现两个 PC 标签时，可能会使没有闭合的 PC 标签之后的 PC 标签数据与其混淆；在后台进行可视化编辑时，可能会出现网页结构错乱的问题。

2. 分析 PC 标签

在 PC 标签"{pc:}"中冒号之后跟随的为模块名。上述例子中调用的是内容模块的 PC 标签。每一个 PHPCMS V9 模块都为其 PC 标签定义了调用参数。其中，有一些调用参数是系统保留的参数，其对所有的 PC 标签都有效。参数必须使用"参数名="参数值""的方式填写，多个参数之间使用空格分开，参数值使用双引号引起来。PC 标签的应用格式如下。

```
{pc:content 参数名="参数值"  参数名="参数值"  参数名="参数值"}
```

3. PC 标签的分类

PC 标签包含工具类和模块类两个类别。其中，工具类可以理解为 PHPCMS V9 所提供的一些工具箱，而模块类是 PHPCMS V9 各个模型调用模块数据的数据接口。

4. 显示 PC 标签数据

在默认情况下，PC 标签中的数据都是以数组方式返回的，可以通过$data 来获取这个数组。如果在 PC 标签中定义了 return 参数，则返回的数组将使用 return 变量。

在一般情况下，使用如下方式来显示参数值。

```
{loop $data $key $val}
    <a href="{$val[url]}">{$val[title]}</a><br>
{/loop}
```

其中，$val[url]和$val[title]需要根据所使用的 PC 标签返回的数据来判断。

表 8-1 给出了 PC 标签保留参数，几乎所有的 PC 标签都支持这些保留参数。

表 8-1

保留参数	默认值	说明
action	null	本参数的值表示操作事件，模块类 PC 标签必须包含本参数，以说明要进行的操作
cache	0	缓存存储时间（单位为秒）

续表

保留参数	默认值	说明
num	20	获取记录的条数，最后会被模板引擎处理成 limit 并传送到处理函数中
page	null	当前分页。一般填写为$_GET[page]
urlrule	null	URL 规则
return	data	返回数据的参数

下面是一个完整的 PC 标签示例代码。

```
{pc:content action="lists" catid="25" num="20" page="$_GET[page]" return="data"}
    <ul>
        {loop $data $n $r}
            <li><a href="{$r[url]}">{$r[title]}</a></li>
        {/loop}
    </ul>
{/pc}
```

8.1.4 制作模板的常用标签

1. 制作首页模板的常用标签

（1）页头、页尾模板调用标签。

```
{template "content","header"}
{template "content","footer"}
```

（2）网站标题标签。

```
{if isset($SEO['title']) && !empty($SEO['title'])} {$SEO['title']} {/if} {$SEO['site_title']}
```

（3）网站关键字标签。

```
<meta name="keywords" content="{$SEO['keyword']}">
```

（4）网站描述标签。

```
<meta name="description" content="{$SEO['description']}">
```

（5）资源路径标签。

```
<link href="{CSS_PATH}style.css" rel="stylesheet" type="text/css" />
<script type="text/javascript" src="{JS_PATH}js.js"></script>
<img src="{IMG_PATH}image.jpg" />
```

（6）网站地址标签。

```
{siteurl($siteid)}
```

（7）设为首页标签。

```
<a href=" " onclick="this.style.behavior='url(#default#homepage)';
this.setHomePage('{siteurl($siteid)}');">设为首页</a>
```

（8）加入收藏标签。

```
<a href="javascript:window.external.AddFavorite('{siteurl($siteid)}','{$SEO['site_title']}')">
加入收藏</a>
```

（9）网页导航标签。

```
<map>
    {pc:content action="category" catid="0" num="25" siteid="$siteid" order="listorder ASC"}
    <ul class="nav-site">
            <li><a href="{siteurl($siteid)}"><span>首页</span></a></li>
            {loop $data $r}
            <li><a href="{$r[url]}"><span>{$r[catname]}</span></a></li>
            {/loop}
    </ul>
    {/pc}
</map>
```

（10）焦点幻灯片标签。

```
{pc:content  action="position" posid="1"  order="listorder DESC" thumb="1" num="5"}
{loop $data $r}
<a href="{$r['url']}" title="{str_cut($r['title'],30)}">
    <img src="{thumb($r['thumb'],310,260)}" alt="{$r['title']}" width="310" height="260" />
</a>
{/loop}
{/pc}
```

（11）文章列表标签。

```
{pc:content action="lists" catid="$r[catid]" order="id" num=""cache="3600"}
{loop $data $r}
<a href="{$r[url]}" target="_blank">{$r[title]}</a>
{/loop}
{/pc}
```

（12）推荐文章标签。

```
{pc:content action="position" posid="" order="id" num=""cache="3600"}
{loop $data $r}
<a href="{$r[url]}" target="_blank">{$r[title]}</a>
{/loop}
{/pc}
```

（13）热门文章标签。

```
{pc:announce  action="hits" siteid="$siteid" num="2"}
{loop $data $r}
<a href="{APP_PATH}index.php?m=announce&c=index&a=show&aid={$r['aid']}">
    {$r['title']}
</a>
```

```
{/loop}
{/pc}
```

（14）图片列表标签。

```
{pc:content    action="position" posid="" thumb="1" order="listorder DESC" num=""}
<ul class="content news-photo picbig">
{loop $data $r}
    <li>
        <div class="img-wrap">
            <a href="{$r[url]}" title="{$r[title]}">
                <img src="{thumb($r[thumb],110,0)}" title="{$r[title]}"/>
            </a>
        </div>
        <a href="{$r[url]}" title="{$r[title]}">{str_cut($r[title],20)}</a>
    </li>
{/loop}
</ul>
{/pc}
```

（15）调用子栏目（即类别名称）标签。

```
{pc:content action="category" catid="$catid" num="25"
siteid="$siteid" order="listorderASC"}
{loop $data $r}
<a href="{$r[url]}">{$r[catname]}</a> |
{/loop}
{/pc}
```

（16）友情链接标签。

```
<a href="{APP_PATH}index.php?m=link&c=index&a=register&siteid={$siteid}">申请链接</a>
```

调用文字类友情链接的标签代码如下。

```
{pc:link action="type_list" siteid="$siteid" order="listorder DESC" num="10" return="dat"}
{loop $dat $v}
<a href="{$v[url]}" target="_blank">{$v[name]}</a> |
{/loop}
{/pc}
```

调用图片类友情链接的标签代码如下。

```
{pc:link    action="type_list" siteid="$siteid" linktype="1" order="listorder DESC" num="8"
return="pic_link"}
{loop $pic_link $v}
<li><a href="{$v['url']}" title="{$v['name']}" target="_blank">
    <img src="{$v[logo]}" width="88" height="31" /></a></li>
{/loop}
{/pc}
```

（17）版权等信息标签。

版权等信息的调用，可直接使用碎片的知识来实现，后续会进行介绍。

2. 制作栏目列表页模板的常用标签

（1）文章列表标签。

```
{pc:content action="lists" catid="$catid" num="12" order="id DESC" page="$page"}
{loop $data $r}
<a href="{$r[url]}" target="_blank"{title_style($r[style])}>{$r[title]}</a>
<span>{date('Y-m-d H:i:s',$r[inputtime])}</span>
{if $n%4 ==0}<li class="bk20 hr"></li>{/if}
{/loop}
{$pages}
{/pc}
```

（2）文章类别标签。

```
{pc:content action="category" catid="9" num="25" siteid="$siteid" order="listorder ASC"}
{loop $data $v}
    <li><a href="{$v[url]}">{$v[catname]}</a></li>
{/loop}
{/pc}
```

（3）调用子栏目标签。

以调用栏目 ID 为 9 的子栏目名称标签为例。

方法一：

```
{loop subcat(9,0,0,$siteid) $r}
<li><a href="{$r[url]}">{$r[catname]}</a></li>
{/loop}
```

方法二：

```
{pc:content action="category" catid="9" num="25" siteid="$siteid" order="listorder ASC"}
{loop $data $v}
    <li><a href="{$v[url]}">{$v[catname]}</a></li>
{/loop}
{/pc}
```

3. 制作内容页模板的常用标签

（1）文章内容页常用标签。

当前位置标签：

```
<a href="{siteurl($siteid)}">首页</a><span> &gt; </span>{catpos($catid)}
```

当前栏目标签：

```
<a href="{$CAT[url]}">{$CAT[catname]}</a>
```

标题标签：

```
{$title}
```

来源标签：

```
{$copyfrom}
```

发布时间：

```
{$inputtime}
```

点击量标签：

```
<script language="JavaScript"
src="{APP_PATH}api.php?op=count&id={$id}&modelid={$modelid}">
</script>
```

内容标签：

```
{$content}
```

上一篇标签：

```
<a href="{$previous_page[url]}">{$previous_page[title]}</a>
```

下一篇标签：

```
<a href="{$next_page[url]}">{$next_page[title]}</a>
```

（2）图片内容页标签。

图片内容页标签除了包含文章内容页常用标签，还包含调用组图的标签，代码如下。

```
<ul class="fix_flash">
{pc:get sql="SELECT pictureurls FROM v9_picture_data where id =1" return="pictureurls" }
{loop $pictureurls $pic_k $r}
{php $a=string2array($r[pictureurls])}
    {loop $a $pic_1 $v}
    <li imglink="{$v['url']}">
        <a style="background:url({$v['url']}) center top no-repeat" ></a>
    </li>
    {/loop}
{/loop}
{/pc}
</ul>
```

4. 制作单网页模板的常用标签

（1）单网页标题标签。

```
{$title}
```

（2）单网页内容标签。

```
{$content}
```

8.1.5 碎片的应用

在一个网站中，难免会有一部分内容是零散的，其分布在各个页面中，为了加强对这部分内容的管理与维护，PHPCMS 厂商在开发 PHPCMS V9 时，开发了碎片管理功能，这样既能达到添加或修改内容而不用修改模板的目的，又保证了网站内容发布的及时性和易管理性。按照 PHPCMS V9 碎片管理的原理，要应用碎片的功能，应先在模板中定义碎片标识，然后在后台中添加碎片。

碎片标签语法结构如下。

```
{pc:block pos=" "}{/pc}
```

在上述的碎片标签语法结构中，pos 参数用于标记碎片在页面中的位置，即给碎片位置取一个标识。例如，在下面的代码中，定义了一个标识名为“logo”的碎片位置。

```
<div id="logo">
    <a href="{APP_PATH}" title="{$SITE[$siteid][name]}">{pc:block pos="logo"}{/pc}</a>
</div>
```

碎片标识定义完成后，进入 PHPCMS 系统后台，为前面定义的碎片标识“logo”添加碎片，如图 8-1 和图 8-2 所示。

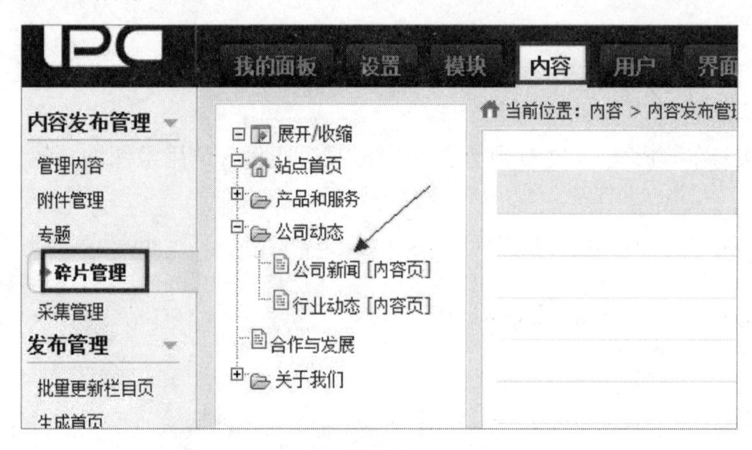

图 8-1

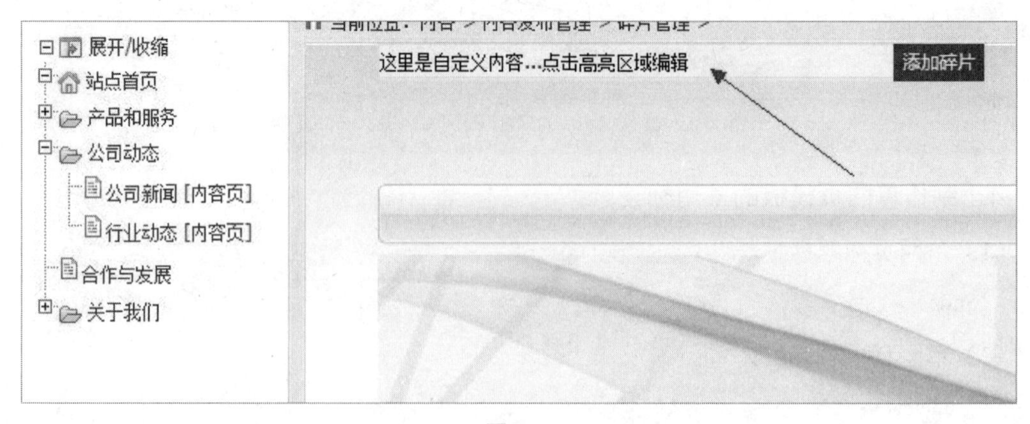

图 8-2

8.1.6 表单向导的应用

为了方便用户使用表单提交数据，并让开发者能够根据业务需求自定义表单内容，PHPCMS V9厂商开发了表单向导功能，它允许开发者自行设计符合项目需求的在线表单。通过表单向导功能，可以实现在线留言、问答咨询等功能。表单向导模块的默认模板存放目录为"/phpcms/templates/default/formguide/"，该目录中有index.html、show.html和show_js.html 3个模板文件。其中，文件"index.html"为前台表单栏目列表页，文件"show.html"为单个表单展示页，文件"show_js.html"为表单插件。因为表单是一个功能性模块，通常作为一个插件嵌入页面中，而不是单独的一个模型，所以在项目的开发过程中，需要用到"show_js.html"模板文件。

下面进行简单的演示。

步骤1：在PHPCMS后台主界面中选择"模块"选项卡，然后在左侧列表中选择"表单向导"选项，并单击表单向导列表左上方的"添加表单向导"按钮，此时将会弹出"添加表单向导"界面，如图8-3所示。

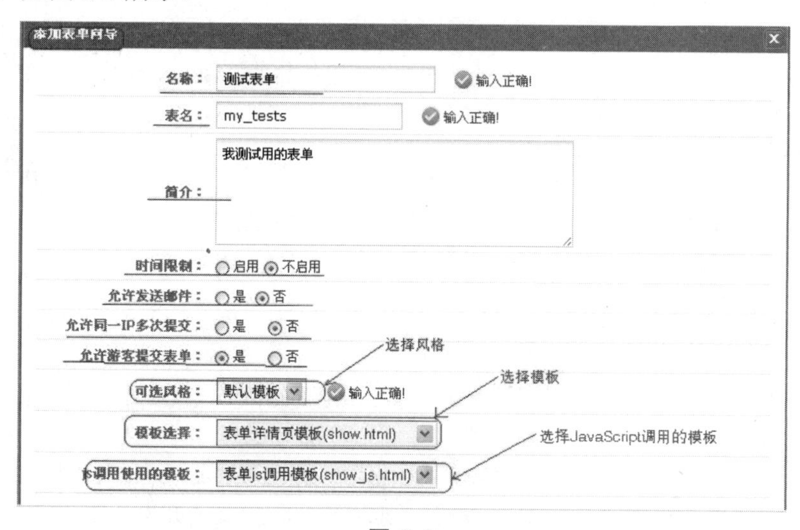

图 8-3

步骤2：表单添加完成后，可以对所添加的表单进行管理，如图8-4所示，此时可根据需要查看信息列表，以及进行添加字段、管理字段、预览、修改、禁用、删除、统计操作。

图 8-4

步骤3：单击"测试表单"右侧的"添加字段"链接，此时将会打开如图8-5所示的编辑界面。

表单向导--测试表单管理字段

添加字段 表单向导字段管理

字段类型 单行文本 输入正确 注：请注意标题后面的提示。

* 字段类型 只能由英文字母、数字和下划线组成，并且仅能字母开头，不以下划线结尾 tests 输入正确

* 字段别名 例如：文章标题 测试名 输入正确

字段提示 显示在字段别名下方作为表单输入提示 测试名

相关参数 设置表单相关属性 文本框长度 50 默认值 是否为密码框 是 否

字符长度取值范围 系统将在表单提交时检测数据长度范围是否符合要求，如果不想限制长度请留空 最小值：1 最大值：30

选择常用正则表达式

数据校验正则 系统将通过此正则校验表单提交的数据合法性，如果不想校验数据请留空 常用正则

选择不能使用表单的会员组

数据校验未通过的提示信息

禁止设置字段值的会员组 游客 新手上路 注册会员 中级会员 高级会员 禁止访问 邮件认证

图 8-5

下面对各信息项进行简要说明。

- 字段类型：可选值有单行文本、多行文本、编辑器、选项、图片、多图片、数字、日期和时间、联动菜单等，用户可根据实际需要进行选择。
- 字段类型：字段的类型只能由英文字母、数字和下画线组成，并且仅能以字母开头，不能以下画线结尾。
- 字段别名：给字段取一个别名，通常为中文名。
- 字段提示：获得焦点时的提示信息。
- 文本框长度：用户可根据实际需要设置文本框的长度。
- 默认值：字段类型不填时默认显示的值（如果字段类型选择文本，则显示此项）。
- 是否为密码框：单击“是”单选按钮，则为密码框，反之亦然。
- 字符长度取值范围：系统将在表单提交时检测数据长度范围是否符合要求，如果不想限制长度，则留空即可。
- 数据校验正则：选择合适的正则表达式。
- 数据校验未通过的提示信息：不满足正则表达式时提示的错误信息。
- 禁止设置字段值的会员组：控制会员组使用该字段的权限。

步骤 4：字段添加完成后，可对表单进行修改、禁用、删除操作，如图 8-6 所示。

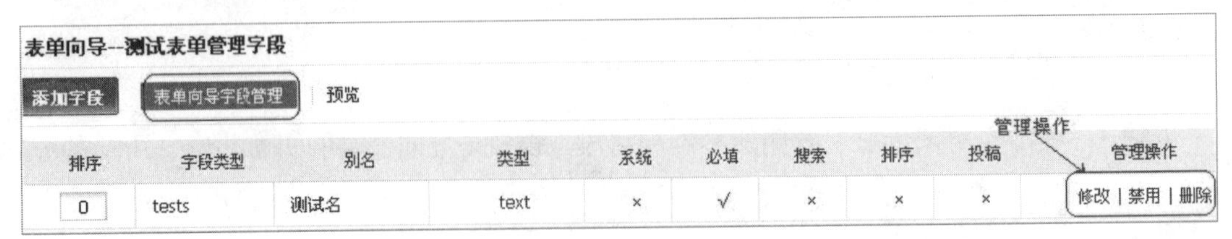

表单向导--测试表单管理字段

添加字段 表单向导字段管理 预览

管理操作

排序	字段类型	别名	类型	系统	必填	搜索	排序	投稿	管理操作
0	tests	测试名	text	×	√	×	×	×	修改 | 禁用 | 删除

图 8-6

步骤 5：单击如图 8-7 所示的“预览”按钮可预览自定义表单。

表单向导--测试表单管理字段

添加字段　表单向导字段管理　预览

排序	字段类型	别名	类型	系统
0	tests	测试名	text	×

图 8-7

步骤 6：添加自定义公共字段。自定义公共字段和表单字段基本相同，唯一不同的是，自定义公共字段在任何表单里面都可以使用。用户可以根据实际情况添加自定义公共字段。

步骤 7：如果需要配置模块，只需单击表单向导列表上方的“模块配置”按钮，在打开的“模块配置”界面中进行配置即可，如图 8-8 所示。

模块配置

允许同一IP多次提交：○是 ⊙否

两次提交间隔时间：1440 分

允许游客提交表单：⊙是 ○否

发送邮件的内容：测试邮件

图 8-8

8.2　任务实施

8.2.1　制作首页模板

使用代码编辑工具（如 Sublime Text、PhpStorm、Dreamweaver 等）打开“phpcms/templates/huagongzi/content/”目录下的 index.html 文件，然后按照“自上而下、边写标签代码边浏览”的顺序一步步地对首页及相关代码进行模板化。根据首页页面结构（版位）的实际情况，制作首页模板的过程如图 8-9 所示。

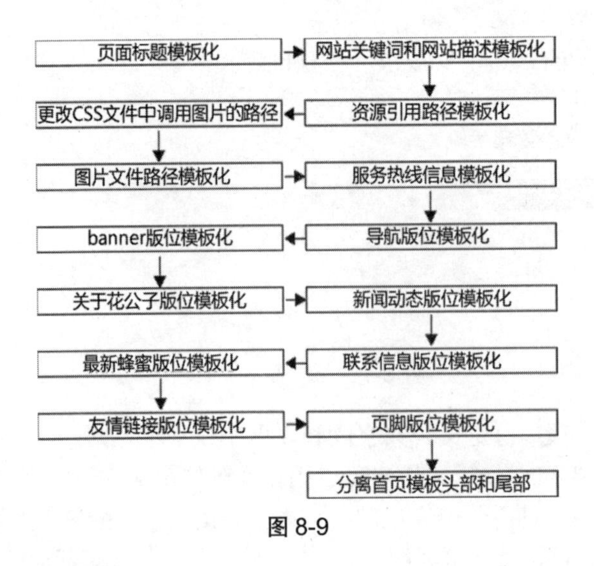

图 8-9

8.2.1-1 页面标题模板化

1. 页面标题模板化

步骤 1：分析页面标题代码。

```
<title>全国蜂蜜生产基地</title>
```

通过分析上述页面标题代码可知，页面标题由<title>标签定义，且网站管理员进入后台后，能够编辑标题内容。

步骤 2：编写页面标题的标签代码。

使用以下标签代码替换标题文本“全国蜂蜜生产基地”。

```
{if isset($SEO['title']) && !empty($SEO['title'])}{$SEO['title']}{/if}{$SEO['site_title']}
```

上述标签代码的含义为：如果系统设置了用于 SEO 的站点标题，并且站点标题不为空，则使用 SEO 的站点标题作为页面标题，否则使用站点名作为页面标题。

页面标题代码模板化后的代码如下。

```
<title>
    {if isset($SEO['title']) && !empty($SEO['title'])}{$SEO['title']}{/if}{$SEO['site_title']}
</title>
```

步骤 3：浏览效果。

（1）打开网站首页，我们会发现首页页面的标题为“全国蜂蜜生产基地”，如图 8-10 所示。

图 8-10

（2）在 PHPCMS 后台主界面中选择“设置”选项卡，然后在左侧列表中选择“相关设置”下的“站点管理”选项，最后在站点管理列表中单击“Siteid”为“1”的站点右侧的“修改”链接，如图 8-11 所示，此时将打开“编辑站点《花公子蜂蜜》”界面，如图 8-12 所示。

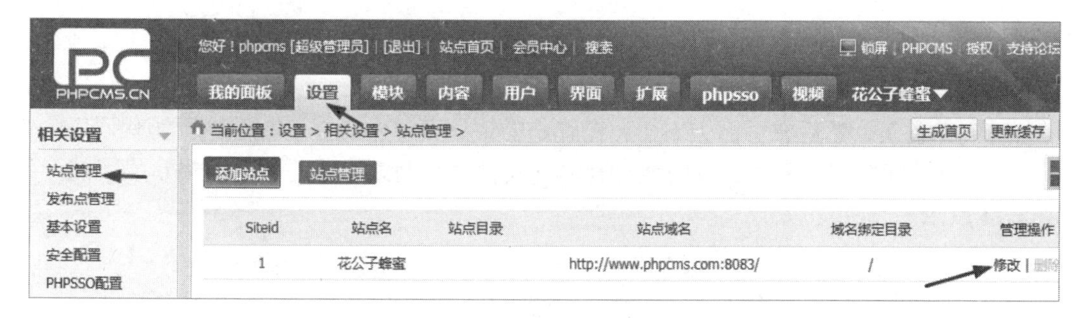

图 8-11

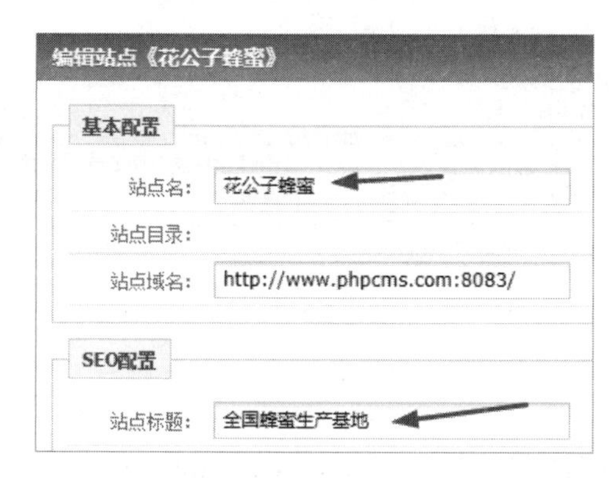

图 8-12

（3）将“SEO 配置”栏中的站点标题“全国蜂蜜生产基地”删除后，单击“确定”按钮，此时刷新网站前台首页，我们会看到首页页面标题变为“花公子蜂蜜”，如图 8-13 所示。

图 8-13

8.2.1-2 网站关键词和网站描述模板化

2. 网站关键词和网站描述模板化

步骤 1：分析网站关键词和网站描述代码。

```
<meta name="keywords" content="">
<meta name="description" content="">
```

通过分析上述网站关键词和网站描述代码可知，页面的网站关键词和网站描述均是由<meta>标签定义的，其对应的值则由参数“content”指定。网站关键词和网站描述在 SEO 中具有重要的作用，因此，网站管理员进入后台后，要能够编辑网站关键词和网站描述的内容。

步骤 2：编写网站关键词和网站描述的标签代码。

使用“{$SEO['keyword']}”标签代码作为网站关键词“content”参数的值；使用“{$SEO['description']}”标签代码作为网站描述“content”参数的值。

其中，“{$SEO['keyword']}”标签代码专门用于输出网站关键词，“{$SEO['description']}”标签代码专门用于输出网站描述的内容。

网站关键词和网站描述代码模板化后的代码如下。

```
<meta name="keywords" content="{$SEO['keyword']}">
```

```
<meta name="description" content="{$SEO['description']}">
```

步骤3：浏览效果。

打开网站首页，然后在页面上右击，在弹出的快捷菜单中选择“查看网页源代码”命令，此时，在打开的源代码页面中，我们会看到网站关键词和网站描述与我们在后台设置的一致，如图8-14所示。

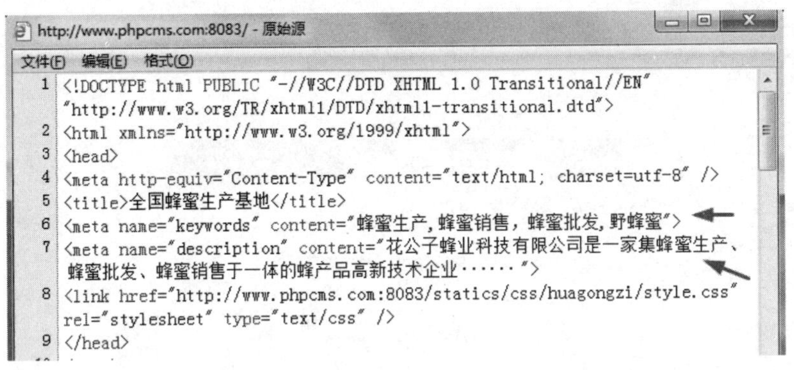

图8-14

3. 资源引用路径模板化

8.2.1-3 资源引用路径模板化

在网站开发的过程中，通常要引用CSS、JavaScript等文件，在首页模板化的过程中，需要把引用CSS文件的代码进行模板化。

步骤1：分析引用CSS文件的代码。

```
<link href="css/style.css" rel="stylesheet" type="text/css" />
```

通过分析上述引用CSS文件的代码可知，引用CSS文件的路径由“href”参数指定，因此参数“href”的参数值需按PHPCMS资源引用的规则进行更改。

步骤2：编写引用CSS文件的标签代码。

使用标签代码“{CSS_PATH}huagongzi/style.css”替换“href”参数的参数值“css/style.css”。

引用CSS文件代码模板化后的代码如下。

```
<link href="{CSS_PATH}huagongzi/style.css" rel="stylesheet" type="text/css" />
```

【说明1】

在默认情况下，PHPCMS所引用的资源文件（包括图片文件、CSS文件、JavaScript文件、插件等）存放在项目根目录的“statics”目录下，该目录的结构如图8-15 所示。

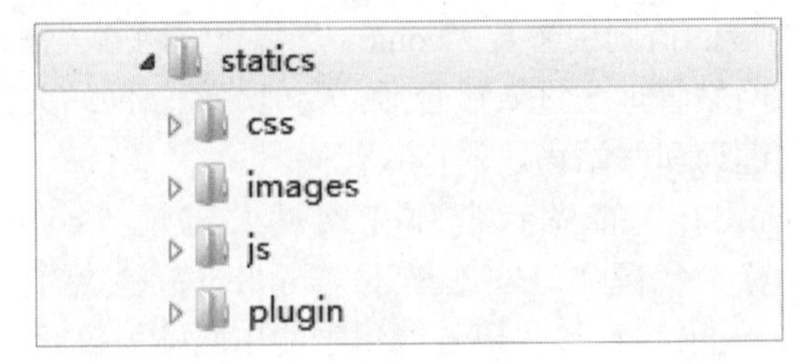

图8-15

【说明 2】

标签“{CSS_PATH}”在默认情况下被解析成形式为“http://域名/statics/css/”的路径，因为在集成开发环境中创建花公子蜂业科技有限公司网站项目时，本地域名被设置为www.phpcms.com:8083，所以代码“{CSS_PATH}huagongzi/style.css”被解析后，文件“style.css”的实际路径为 http://www. phpcms.com:8083/statics/css/huagongzi/style.css。

步骤 3： 浏览效果。

打开网站首页，然后在页面上右击，在弹出的快捷菜单中选择“查看网页源代码”命令，此时，在打开的源代码页面中，我们可以看到文件“style.css”的实际路径，如图 8-16 所示。

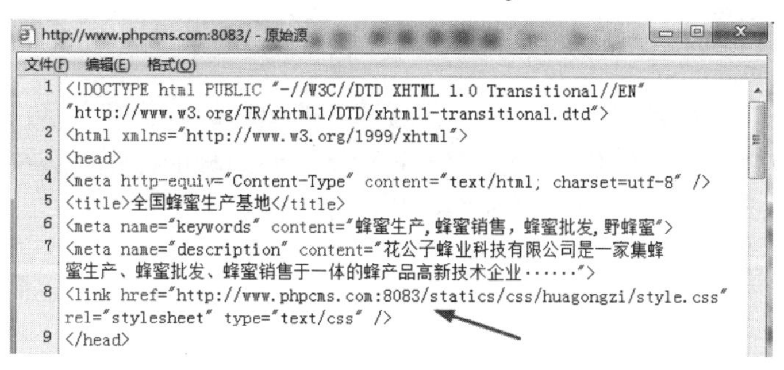

图 8-16

4. 更改 CSS 文件中调用图片的路径

8.2.1-4 更改 CSS 文件中调用图片的路径

步骤 1： 打开 CSS 文件。

进入目录“/statics/css/huagongzi/”，并使用代码编辑工具打开 CSS 文件“style.css”。

步骤 2： 更改 CSS 文件中调用图片的路径。

由图 8-17 中 css 目录与 images 目录的结构关系可知，在“style.css”文件中调用“images/huagongzi/”目录下的图片，需往上跳两级目录，然后进入目录“images/huagongzi/”，即可调用相关的图片，因此，在“style.css”文件中调用图片的路径形式为“../../images/huagongzi/文件名”。需要注意的是，文件名应包含后缀，例如，调用 abc.jpg 文件，则路径应为“../../images/huagongzi/abc.jpg”。

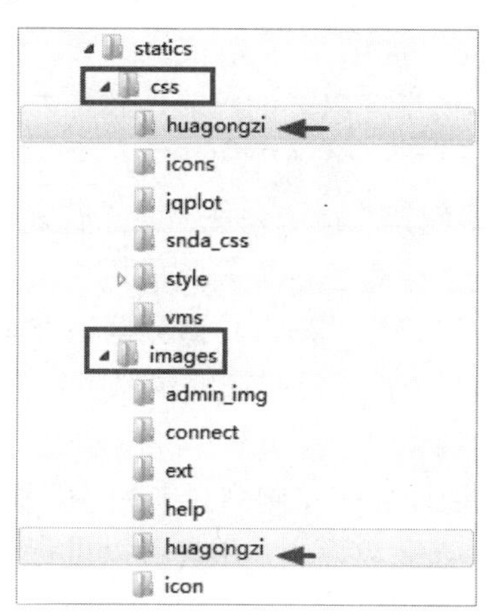

图 8-17

按照上述方法，更改“style.css”样式文件后，刷新网站前台首页，即可显示由 CSS 文件调用的图片。

5. 图片文件路径模板化

8.2.1-5 图片文件路径模板化

通过分析首页的代码可知，插入图片的路径形式均为“images/文件名”，但模板页面插入的图片存放在“项目根目录/statics/images”目录下。PHPCMS 提供了标签“{IMG_PATH}”，用于指向“项目根目录/statics/images”目录，因此，在首页模板中插入图片的路径需更改为“{IMG_PATH}huagongzi/文件名”才能正常调用相关的图片，例如，首页插入图片的路径为“images/abc.jpg”，更改后的路径便为“{IMG_PATH}huagongzi/abc.jpg”。

按照上述方法，更改图片的路径后，首页插入的图片即可正常显示。至此，我们看到的首页页面效果和原来的 Web 页面效果是一样的，说明该模板页面已成功引入 CSS 文件，并且所插入的图片的调用路径也是正确的。

6. 服务热线信息模板化

8.2.1-6 服务热线信息模板化

步骤 1：分析服务热线代码。

```
<div class="right">服务热线  400-×××××××</div>
```

通过分析上述服务热线的代码可知，利用 PHPCMS 的碎片功能可以实现对服务热线信息的管理。

步骤 2：创建服务热线碎片位置标记。

创建服务热线碎片位置标记“{pc:block pos="header_fwrx"}{/pc}”来替换服务热线文本“400-×××××××”，此时，用于输出服务热线信息的代码如下。

```
<div class="right">服务热线  {pc:block pos="header_fwrx"}{/pc}</div>
```

步骤 3：添加服务热线碎片。

读者需要注意的是，步骤 2 只是添加了服务热线碎片位置标记，我们还需按照以下的操作顺序创建服务热线碎片。

（1）进入 PHPCMS 系统后台，选择“内容”选项卡，然后依次选择“内容发布管理”→“碎片管理”→“站点首页”选项，如图 8-18 所示。

（2）单击首页“服务热线”信息项附近的“添加碎片”按钮，如图 8-19 所示。

（3）弹出“PC 标签”界面，在“碎片配置”栏的“名称”文本框中输入“服务热线”并选择类型为“代码型”；在“权限配置”栏中勾选“站点管理员”复选框，如图 8-20 所示，当然用户也可以根据实际需要勾选多个角色，编辑完成后单击“确定”按钮。

（4）在“碎片数据”栏中编辑碎片数据，具体数据为“400-×××××××”，如图 8-21 所示，如果需要在源码模式下编辑数据，只需在编辑器中单击“源码”按钮即可。在碎片编辑器中，还可以上传附件等。

（5）碎片编辑完成后，再次选择系统左侧列表中的“碎片管理”选项，此时在界面右侧将显示碎片列表，如图 8-22 所示，在此界面上，用户可以进行更新内容（即更改碎片数据）、修改碎片、删除碎片操作。

图 8-18

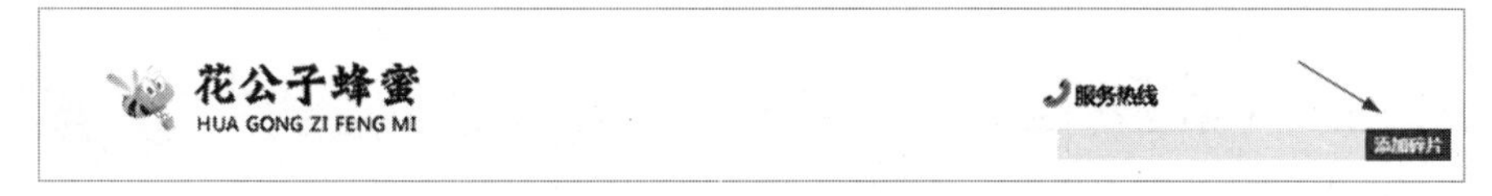

图 8-19

PC标签

碎片配置

名称：服务热线 输入正确

显示位置：header_fwrx

类型：代码型 格式化数据型

权限配置

角色：站点管理员 运营总监 总编 编辑 发布人员

图 8-20

图 8-21

当前位置：内容 > 内容发布管理 > 碎片管理 >　生成首页　更新缓存　后台地图

名称	类型	显示位置	管理操作
服务热线	代码型	header_fwrx	更新内容 | 修改 | 删除

图 8-22

【说明】标签“{pc:block pos="header_fwrx"}{/pc}”用于在模板页面中创建名称为“header_fwrx”的碎片位置，也可以理解为这是碎片位置的标记，有了标记，在系统后台就可以在此标记上创建碎片。在使用的过程中，用户要注意，在同一个模板页面上，避免出现相同的碎片位置标记。

步骤 4：浏览效果。

刷新网站前台首页，我们会看到服务热线已显示为该碎片的数据。

8.2.1-7 导航版位模板化

7. 导航版位模板化

步骤 1：分析导航版位代码。

```
<!--导航版位-->
<div class="nav">
    <div class="nav-centerbox">
        <a href="index.html" class="sp">首页</a>
        <a href="about.html">关于花公子</a>
        <a href="news.html">新闻动态</a>
        <a href="product.html">产品中心</a>
        <a href="message.html">给我留言</a>
         <a href="contact.html">联系我们</a>
    </div>
</div>
```

通过分析上述导航版位的代码及系统后台所创建的栏目可知，导航上的选项名称需输出系统后台“管理栏目”中的栏目标题，并且单击导航项需跳转到相应的页面。

步骤 2：编写导航版位的标签代码。

使用以下标签代码替换导航版位代码“<div class="nav-centerbox">”盒子中的内容。

```
{pc:content action="category" catid="0" siteid="$siteid" order="listorder ASC"}
<a href="{siteurl($siteid)}" class="sp">首页</a>
{loop $data $r}
<a href="{$r[url]}">{$r[catname]}</a>
{/loop}
{/pc}
```

在上述代码中，各参数的含义如下。

- pc:content：调用 content 模块。
- action="category"：指定内容栏目列表。
- catid="0"：调用内容栏目下的所有一级栏目。

- siteid="$siteid"：调用当前的站点。
- order="listorder ASC"：使内容栏目列表按升序排列。
- {siteurl($siteid)}：获取当前站点的 URL。
- {loop $data $r}：循环开始，把返回的结果存储于变量$data 中，每次循环的记录行存储于变量$r 中。
- {$r[url]}：输出栏目访问地址。
- {$r[catname]}：输出栏目的名称。

至此，导航版位的模板化任务已完成，该版位模板化后的代码如下。

```
<!--导航版位-->
<div class="nav">
    <div class="nav-centerbox">
        {pc:content action="category" catid="0" num="25" siteid="$siteid" order="listorder ASC"}
        <a href="{siteurl($siteid)}" class="sp">首页</a>
        {loop $data $r}
        <a href="{$r[url]}">{$r[catname]}</a>
        {/loop}
        {/pc}
    </div>
</div>
```

步骤 3：浏览效果

刷新网站前台首页，我们会看到网站的导航正常显示，此时，查看页面的源代码可看到导航项的链接地址，如图 8-23 所示。

```
<a href="http://www.phpcms.com:8083" class="sp">首页</a>
<a href="http://www.phpcms.com:8083/index.php?m=content&c=index&a=lists&catid=9">关于花公子</a>
<a href="http://www.phpcms.com:8083/index.php?m=content&c=index&a=lists&catid=10">新闻动态</a>
<a href="http://www.phpcms.com:8083/index.php?m=content&c=index&a=lists&catid=11">产品中心</a>
<a href="http://">给我留言</a>
<a href="http://www.phpcms.com:8083/index.php?m=content&c=index&a=lists&catid=13">联系我们</a>
```

图 8-23

8. banner 版位模板化

8.2.1-8 banner 版位模板化

banner 版位的代码如下。

```
<!--banner 版位-->
<div class="banner">
        <div class="banner-centerbox">
                <!--在这里嵌入透明 Flash 代码-->
        </div>
</div>
```

通过分析上述 banner 版位的代码可知，该 banner 版位的图片由相应 CSS 代码的 background 参数实现，此操作已由前面的“更改 CSS 文件中调用图片的路径”实现，此处无须再重复操作。

9. 关于花公子版位模板化

8.2.1-9 关于花公子版位模板化

步骤 1：分析关于花公子版位的代码。

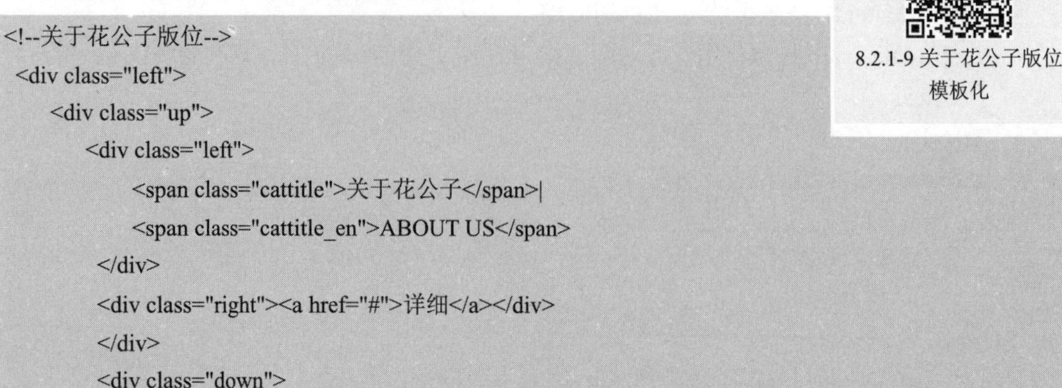

```
<!--关于花公子版位-->
 <div class="left">
     <div class="up">
         <div class="left">
               <span class="cattitle">关于花公子</span>|
               <span class="cattitle_en">ABOUT US</span>
           </div>
           <div class="right"><a href="#">详细</a></div>
           </div>
           <div class="down">
               <div class="left"><img src="{IMG_PATH}huagongzi/bee.jpg" width="121"
               height="121" /></div>
               <div class="right">花公子蜂业科技有限公司成立于 2011 年，公司注册资金 50 万元，现已发展成为集科研、生产、经营于一体的蜂产品高新技术企业，公司拥有百花蜜、野蜂蜜、蜂花粉、蜂王浆、蜂胶等系列 30 多个品种的主营产品。其销售网络遍布全国各地，每年向上百万的消费者提供……</div>
        </div>
</div>
```

步骤 2：编写链接文本“详细”的链接地址标签代码。

使用以下标签代码作为链接文本“详细”的链接地址。

```
{$CATEGORYS[9]['url']}
```

上述标签代码主要用于获取关于花公子栏目的 URL 地址，标签代码中的数字“9”为关于花公子栏目 catid 的值，用户可以在系统后台的“管理栏目”列表中查看，如图 8-24 所示。

图 8-24

步骤 3：创建关于花公子碎片位置标记并添加碎片。

（1）使用以下标签代码替换关于花公子版位代码“<div class="right">”盒子中的内容。

```
{pc:block pos="index_about_content"}{/pc}
```

（2）按照添加“服务热线”碎片的步骤添加名称为“首页-关于花公子-内容”碎片，此处不再介绍添加的过程，添加成功后，在“碎片管理”列表中即可查看“首页-关于花公子-内容”碎片，如图 8-25 所示。

当前位置：内容 > 内容发布管理 > 碎片管理 >　　生成首页　更新缓存　后台地图

名称	类型	显示位置	管理操作
服务热线	代码型	header_fwrx	更新内容 | 修改 | 删除
首页-关于花公子-内容	代码型	index_about_content	更新内容 | 修改 | 删除

图 8-25

至此，关于花公子版位的模板化任务已完成，该版位模板化后的完整代码如下。

```
<!--关于花公子版位-->
<div class="left">
    <div class="up">
        <div class="left">
            <span class="cattitle">关于花公子</span>|
            <span class="cattitle_en">ABOUT US</span>
        </div>
        <div class="right"><a href="{$CATEGORYS[9]['url']}">详细</a></div>
    </div>
    <div class="down">
            <div class="left"><img src="{IMG_PATH}huagongzi/bee.jpg" width="121"
            height="121" /></div>
            <div class="right">{pc:block pos="index_about_content"}{/pc}</div>
     </div>
</div>
```

10. 新闻动态版位模板化

步骤 1： 分析新闻动态版位的代码。

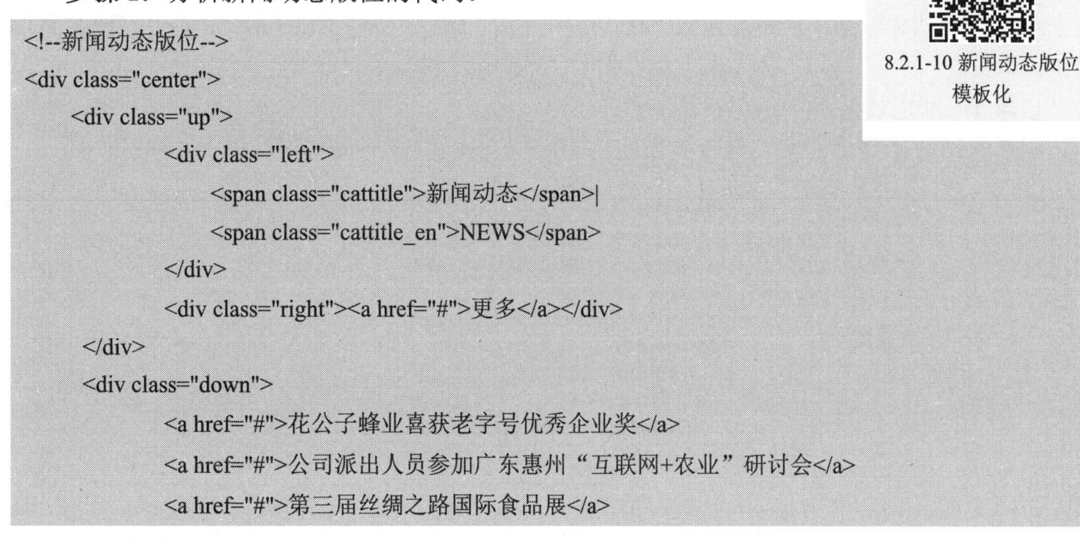

```
<!--新闻动态版位-->
<div class="center">
    <div class="up">
            <div class="left">
                <span class="cattitle">新闻动态</span>|
                <span class="cattitle_en">NEWS</span>
            </div>
            <div class="right"><a href="#">更多</a></div>
     </div>
     <div class="down">
            <a href="#">花公子蜂业喜获老字号优秀企业奖</a>
            <a href="#">公司派出人员参加广东惠州“互联网+农业”研讨会</a>
            <a href="#">第三届丝绸之路国际食品展</a>
```

8.2.1-10 新闻动态版位模板化

```
            <a href="#">花公子蜂业参与 e 农计划对广东惠东县实施精准扶贫</a>
            <a href="#">惠州展会备受青睐</a>
            <a href="#">花公子参加第九届广东新春年货会</a>
            <a href="#">广东会员昆明一日游</a>
            <a href="#">花公子蜂蜜即日起推出买三送一活动</a>
        </div>
</div>
```

通过分析上述新闻动态版位的代码可知，当访问者单击链接文本“更多”时需跳转到新闻动态栏目列表页；该版位输出最新发布的 8 篇新闻的标题，每条新闻标题的字数控制在 26 个汉字以内（即 78 个字符，因为在 PHPCMS V9 程序的 utf-8 编码中，一个汉字为 3 个字符），单击标题后打开该新闻的内容页面。

步骤 2：编写链接文本“更多”的链接地址标签代码。

使用以下标签代码作为链接文本“更多”的链接地址。

```
{$CATEGORYS[10]['url']}
```

上述标签代码主要用于获取新闻动态栏目的 URL，标签代码中的数字“10”为新闻动态栏目 catid 的值，用户可以在系统后台的“管理栏目”列表中查看。

步骤 3：编写输出新闻动态标题的标签代码。

使用以下标签代码替换新闻动态版位代码“<div class="down">”盒子中的内容。

```
{pc:content  action="lists" catid="10" order="id DESC" num="8"}
{loop $data $r}
<a href="{$r[url]}">{str_cut($r[title],78,"")}</a>
{/loop}
{/pc}
```

在上述标签代码中，“{pc:content action="lists" catid="10" order="id DESC" num="8"}”用于查询栏目 ID 为 10 的内容列表，其中，“order="id DESC"”用于指定该内容列表按文章（内容）ID 降序排列，“num="8"”用于控制输出的记录条数为 8 条；“{str_cut($r[title],78,"")}”用于输出新闻动态标题，并通过函数“str_cut()”截取 78 个字符。“{$r[url]}”用于输出文章的 URL。

步骤 4：浏览效果。

刷新网站前台首页，我们会看到新闻动态版位正常输出新闻动态标题，如图 8-26 所示。

图 8-26

至此，新闻动态版位的模板化任务已完成，该版位模板化后的完整代码如下。

```
<div class="center">
    <div class="up">
        <div class="left"> <span class="cattitle">新闻动态</span>| <span class="cattitle_en">NEWS</span> </div>
        <div class="right"><a href="{$CATEGORYS[10]['url']}">更多</a></div>
    </div>
    <div class="down">
        {pc:content    action="lists" catid="10" order="id DESC" num="8" }
        {loop $data $r}
        <a href="{$r[url]}">{str_cut($r[title],78,"")}</a>
        {/loop}
        {/pc}
    </div>
</div>
```

11. 联系信息版位模板化

8.2.1-11 联系信息版位模板化

步骤 1：分析联系信息版位的代码。

```
<!--联系信息版位-->
<div class="right">
        <div class="tel">400-××××××××</div>
        <div class="weixin">xiaomifengwx</div>
        <div class="messagelink">
            <a href="#">访客留言</a>
        </div>
        <div class="qq">
            <a target=blank href=tencent://message/?uin=123456>
                <img border="0" src="images/qqonline.png">
            </a>
        </div>
</div>
```

通过分析上述联系信息版位的代码可知，网站管理员进入后台后，能够编辑 400 电话和微信内容，访客留言需添加链接地址，网站管理员进入后台后，能够编辑 QQ 在线客服的 QQ 号码内容。

步骤 2：创建 400 电话的碎片位置标记并添加碎片。

使用标签“{pc:block pos="tel400"}{/pc}”替换上述代码中的 400 电话文本“400-××××××××”，然后按照添加“服务热线”碎片的步骤添加“400 电话”碎片，此处不再介绍添加过程。

步骤 3：创建微信的碎片位置标记并添加碎片。

使用标签“{pc:block pos="weixin"}{/pc}”替换上述代码中的微信文本“xiaomifengwx”，然后按照添加“服务热线”碎片的步骤添加“微信”碎片，此处不再介绍添加过程。

步骤 4：编写文本“访客留言”链接地址。

使用标签“{$CATEGORYS[12]['url']}”替换文本“访客留言”链接地址，本标签中的数字“12”为给我留言栏目 catid 的值，用户在系统后台的“管理栏目”列表中可查看。

步骤 5：创建 QQ 在线客服的碎片位置标记并添加碎片。

【重要说明】

因为 QQ 在线客服的碎片位置需替换超链接标签<a>中的 QQ 号码，按照创建“400 电话”或“微信”碎片位置的方法，在系统后台是没办法实现的，因此也添加不了碎片，为了实现在系统后台编辑 QQ 在线客服 QQ 号码的功能，编者提供了一种实现的方法，具体的操作步骤如下。

首先，按照创建碎片位置标记的方法，在页面中创建 QQ 在线客服碎片位置标记，如图 8-27 所示。

```
<!-- 联系信息版位 -->
<div class="right">
    <div class="tel">{pc:block pos="tel400"}{/pc}</div>
    <div class="weixin">{pc:block pos="weixin"}{/pc}</div>
    <div class="messagelink"><a href="{$CATEGORYS[12]['url']}">访客留言</a></div>
    <div class="qq">
        {pc:block pos="qq"}{/pc}
        <a target=blank href=tencent://message/?uin=123456>
            <img border="0" src="{IMG_PATH}huagongzi/qqonline.png">
        </a>
    </div>
</div>
```

图 8-27

其次，进入系统后台，添加“QQ 在线客服”碎片，具体的操作步骤与添加“服务热线”碎片的操作步骤一致，此外不再详细描述，添加成功后，在“碎片管理”列表中即可查看“QQ 在线客服”碎片，如图 8-28 所示。

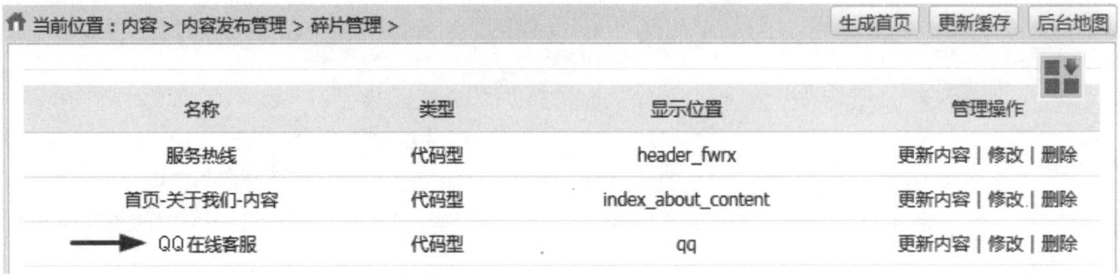

当前位置：内容 > 内容发布管理 > 碎片管理 >　　生成首页　更新缓存　后台地图

名称	类型	显示位置	管理操作
服务热线	代码型	header_fwrx	更新内容 | 修改 | 删除
首页-关于我们-内容	代码型	index_about_content	更新内容 | 修改 | 删除
QQ在线客服	代码型	qq	更新内容 | 修改 | 删除

图 8-28

最后，使用 QQ 在线客服碎片位置标记替换 QQ 号码，如图 8-29 所示。

```
<!--联系信息版位-->
<div class="right">
    <div class="tel">{pc:block pos="tel400"}{/pc}</div>
    <div class="weixin">{pc:block pos="weixin"}{/pc}</div>
    <div class="messagelink"><a href="{$CATEGORYS[12]['url']}">访客留言</a></div>
    <div class="qq">
        <a target=blank href=tencent://message/?uin={pc:block pos="qq"}{/pc}>
            <img border="0" src="{IMG_PATH}huagongzi/qqonline.png">
        </a>
    </div>
</div>
```

图 8-29

至此，联系信息版位的模板化任务已完成，该版位模板化后的代码如下。

```
<!--联系信息版位-->
    <div class="right">
        <div class="tel">{pc:block pos="tel400"}{/pc}</div>
        <div class="weixin">{pc:block pos="weixin"}{/pc}</div>
        <div class="messagelink"><a href="{$CATEGORYS[12]['url']}">访客留言</a></div>
        <div class="qq">
            <a target=blank href=tencent://message/?uin={pc:block pos="qq"}{/pc}>
                <img border="0" src="{IMG_PATH}huagongzi/qqonline.png">
            </a>
        </div>
    </div>
```

在系统后台的“碎片管理”列表中，可查看“400 电话”“微信”“QQ 在线客服”碎片，如图 8-30 所示。

当前位置：内容 > 内容发布管理 > 碎片管理 >　　生成首页　更新缓存　后台地图

名称	类型	显示位置	管理操作
服务热线	代码型	header_fwrx	更新内容 | 修改 | 删除
首页-关于我们-内容	代码型	index_about_content	更新内容 | 修改 | 删除
QQ在线客服	代码型	qq	更新内容 | 修改 | 删除
400电话	代码型	tel400	更新内容 | 修改 | 删除
微信	代码型	weixin	更新内容 | 修改 | 删除

图 8-30

12. 最新蜂蜜版位模板化

8.2.1-12 最新蜂蜜版位模板化

步骤 1：分析最新蜂蜜版位的代码。

```
<!--最新蜂蜜版位-->
<div class="product">
```

```
    <div class="up">
        <div class="left">
            <span class="cattitle">最新蜂蜜</span>|
            <span class="cattitle_en">LATEST PRODUCT</span>
        </div>
        <div class="right"><a href="#">更多</a></div>
    </div>
    <div class="down">
      <a href="#"><img src="{IMG_PATH}huagongzi/pro1.jpg" width="162" height="177"></a>
      <a href="#"><img src="{IMG_PATH}huagongzi/pro2.jpg" width="162" height="177"></a>
      <a href="#"><img src="{IMG_PATH}huagongzi/pro3.jpg" width="162" height="177"></a>
      <a href="#"><img src="{IMG_PATH}huagongzi/pro4.jpg" width="162" height="177"></a>
      <a href="#"><img src="{IMG_PATH}huagongzi/pro5.jpg" width="162" height="177"></a>
    </div>
</div>
```

通过分析上述最新蜂蜜版位的代码可知，当访问者单击链接文本“更多”时需跳转到产品中心栏目列表页；产品的缩略图区域需输出最新发布的5个产品的缩略图。

步骤2：编写链接文本“更多”的链接地址的标签代码。

使用标签“{$CATEGORYS[11]['url']}”替换链接文本“更多”的链接地址，本标签中的数字“11”为产品中心栏目catid的值，用户在系统后台的“管理栏目”列表中可查看。

步骤3：编写输出产品缩略图区域的标签代码。

把“<div class="down">...</div>”里面的5对超链接代码用以下的标签代码替换。

```
{pc:content action="lists" catid="11" order="id DESC" num="5"}
{loop $data $r}
<a href="{$r[url]}"><img src="{$r[thumb]}" width="162" height="177"></a>
{/loop}
{/pc}
```

在上述标签代码中：“{pc:content action="lists" catid="11" order="id DESC" num="5"}”是指查询栏目ID为“11”的内容列表，按照ID降序排列后输出前5条记录；“{$r[url]}”用于输出访问该条记录的URL；“{$r[thumb]}”用于输出该条记录缩略图的图片路径。

至此，最新蜂蜜版位的模板化任务已完成，该版位模板化后的代码如下。

```
<!--最新蜂蜜版位-->
<div class="product">
    <div class="up">
        <div class="left">
            <span class="cattitle">最新蜂蜜</span>|
            <span class="cattitle_en">LATEST PRODUCT</span>
        </div>
        <div class="right"><a href="{$CATEGORYS[11]['url']}">更多</a></div>
    </div>
    <div class="down">
```

```
        {pc:content action="lists" catid="11" order="id DESC" num="5"}
        {loop $data $r}
        <a href="{$r[url]}"><img src="{$r[thumb]}" width="162" height="177"></a>
        {/loop}
        {/pc}
    </div>
</div>
```

此时，刷新网站前台首页，可以看到最新蜂蜜版位的产品缩略图已正常输出。

8.2.1-13 友情链接版位模板化

13. 友情链接版位模板化

步骤 1：分析友情链接版位的代码。

```
<!--友情链接版位-->
<div class="friend">
    <div class="left">友<br />情<br />链<br />接</div>
    <div class="right">
        <a href="#">花公子天猫旗舰店</a>
        <a href="#">花公子蜂业科技有限公司</a>
        <a href="#">淘小蜜科技</a>
        <a href="#">追蜂科技有限公司</a>
        <a href="#">中国蜂蜜网</a>
        <a href="#">花公子淘宝店</a>
        <a href="#">养蜂学堂</a>
        <a href="#">花公子拼多多店</a>
        <a href="#">指尖科技有限公司</a>
        <a href="#">养蜂论坛</a>
    </div>
</div>
```

通过分析上述友情链接版位的代码可知，该友情链接版位的文本为链接类型，因此友情链接的名称和相应的链接地址需要从系统中输出；当访问者单击链接文本时，需跳转到相应页面；每个友情链接项最多输出 13 个汉字（即 39 个字符，因为在 PHPCMS V9 程序的 utf-8 编码中，一个汉字为 3 个字符），否则会影响该版位的排版。

步骤 2：编写链接文本的标签代码。

把“<div class="right">...</div>”中的链接项用以下标签代码替换。

```
    {pc:link action="type_list" siteid="$siteid" order="listorder DESC" num="10" return="data"}
    {loop $data $r}
    <a href="{$r[url]}">{str_cut($r[name],39,"")}</a>
    {/loop}
    {/pc}
```

在上述标签代码中："{pc:link action="type_list" siteid="$siteid" order="listorder DESC" num="10" return="data"}"的含义为查询当前站点 link 模块的数据（即友情链接模块的数据），并按"listorder"字段降序排列后返回 10 条记录，这 10 条记录将保存在$data 变量中；"{$r[url]}"用于输出链接文本的地址；"{str_cut($r[name],39,"")}"用于输出链接文本的名称，并使用 str_cut()函数最多截取 39 个字符。

至此，友情链接版位的模板化任务已完成，该版位模板化后的代码如下。

```
<!--友情链接版位-->
<div class="friend">
    <div class="left">友<br />情<br />链<br />接</div>
    <div class="right">
        {pc:link action="type_list" siteid="$siteid" order="listorder DESC" num="10" return="data"}
        {loop $data $r}
        <a href="{$r[url]}">{str_cut($r[name],39,"")}</a>
        {/loop}
        {/pc}
    </div>
</div>
```

此时，刷新网站前台首页，可以看到友情链接版位的友情链接信息项已正常输出。

8.2.1-14 页脚版位模板化

14. 页脚版位模板化

步骤 1：分析页脚版位的代码。

```
<!--页脚版位-->
<div class="footer">
    <div class="footer-centerbox">
        <div class="left">
            公司地址：广东省惠州市惠城区马安镇新乐工业区<br />
            Copyright ©2020 花公子蜂业科技有限公司    All rights reserved.<br />
            联系电话：400-×××××××    电子邮箱：huagongzi@163.com<br />
            备案号：粤 ICP 备 000000 号
        </div>
        <div class="right">
            <img src="{IMG_PATH}huagongzi/ewm.jpg" width="96" height="96">
        </div>
    </div>
</div>
```

通过分析上述页脚版位的代码可知，网站管理员进入后台，能够编辑公司地址、网站版权、电子邮箱、备案号、微信公众号二维码图片，联系电话可直接使用"服务热线"碎片。

步骤 2：创建公司地址、网站版权、电子邮箱、备案号、微信公众号二维码图片碎片位置标记。

按照前面创建碎片位置标记的方法，创建相应的碎片位置标记，如下所示。

公司地址碎片位置标记：

```
{pc:block pos="addr"}{/pc}
```

网站版权碎片位置标记：

```
{pc:block pos="copyright"}{/pc}
```

电子邮箱碎片位置标记：

```
{pc:block pos="email"}{/pc}
```

备案号碎片位置标记：

```
{pc:block pos="beian"}{/pc}
```

微信公众号二维码图片碎片位置标记：

```
{pc:block pos="ewm"}{/pc}
```

步骤3：添加公司地址、网站版权、电子邮箱、备案号、微信公众号二维码图片碎片。

进入系统后台，按照添加碎片的步骤添加公司地址、网站版权、电子邮箱、备案号、微信公众号二维码图片碎片，添加成功后，在“碎片管理”列表中即可查看相应的碎片，如图8-31所示。

当前位置：内容 > 内容发布管理 > 碎片管理 >　　生成首页　更新缓存　后台地图

名称	类型	显示位置	管理操作
服务热线	代码型	header_fwrx	更新内容 | 修改 | 删除
首页-关于我们-内容	代码型	index_about_content	更新内容 | 修改 | 删除
在线客服	代码型	qq	更新内容 | 修改 | 删除
400电话	代码型	tel400	更新内容 | 修改 | 删除
微信	代码型	weixin	更新内容 | 修改 | 删除
网站版权	代码型	copyright	更新内容 | 修改 | 删除
电子邮箱	代码型	email	更新内容 | 修改 | 删除
公司地址	代码型	addr	更新内容 | 修改 | 删除
备案号	代码型	beian	更新内容 | 修改 | 删除
微信公众号二维码	代码型	ewm	更新内容 | 修改 | 删除

图8-31

至此，页脚版位的模板化任务已完成，该版位模板化后的代码如下。

```
<!--页脚版位-->
<div class="footer">
    <div class="footer-centerbox">
        <div class="left">
            公司地址：{pc:block pos="addr"}{/pc}<br />
            {pc:block pos="copyright"}{/pc}<br />
            联系电话：{pc:block pos="header_fwrx"}{/pc}
            电子邮箱：{pc:block pos="email"}{/pc}<br />
```

```
        备案号：{pc:block pos="beian"}{/pc}
      </div>
      <div class="right">
        {pc:block pos="ewm"}{/pc}
      </div>
  </div>
</div>
```

此时，刷新网站前台首页，可以看到页脚版位的相关信息已正常显示。

15. 分离首页模板头部和尾部

8.2.1-15 分离首页模板头部和尾部

通过分析后续的页面模板，我们不难发现其页面的头部（包括页头版位、导航版位和 banner 版位）和尾部（包括友情链接版位和页脚版位）与首页是一致的，为了减少工作量，提高工作效率，方便后期维护，有必要将页面的头部和尾部的代码提取出来形成单独的模板文件，然后使用 PHPCMS 的 template 函数将其包含进来。

步骤 1：分离首页模板头部。

剪切首页模板头部代码（剪切的范围为第 1 行代码到 banner 版位最后 1 行代码），并形成单独的模板文件（header.html），该文件的代码如下。

```
<!DOCTYPE html PUBLIC "-//W3C//DTD XHTML 1.0 Transitional//EN" "http://www.w3.org/TR/xhtml1/DTD/xhtml1-transitional.dtd">
<html xmlns="http://www.w3.org/1999/xhtml">
<head>
<meta http-equiv="Content-Type" content="text/html; charset=utf-8" />
<title>{if isset($SEO['title']) && !empty($SEO['title'])}{$SEO['title']}{/if}{$SEO['site_title']}</title>
<meta name="keywords" content="{$SEO['keyword']}">
<meta name="description" content="{$SEO['description']}">
<link href="{CSS_PATH}huagongzi/style.css" rel="stylesheet" type="text/css" />
</head>
<body>
<!--页头版位-->
<div class="top">
    <div class="left">
        <img src="{IMG_PATH}huagongzi/logo.png" width="238" height="53" />
    </div>
    <div class="right">服务热线  {pc:block pos="header_fwrx"}{/pc}</div>
</div>
<!--导航版位-->
<div class="nav">
    <div class="nav-centerbox">
      {pc:content action="category" catid="0" num="25" siteid="$siteid" order="listorder ASC"}
      <a href="{siteurl($siteid)}" class="sp">首页</a>
      {loop $data $r}
```

```
        <a href="{$r[url]}">{$r[catname]}</a>
        {/loop}
        {/pc}
    </div>
</div>
<!--banner 版位-->
<div class="banner">
    <div class="banner-centerbox">
        <!--这里可以添加透明 Flash，将会达到很好的效果-->
    </div>
</div>
```

步骤 2：分离首页模板尾部。

剪切首页模板尾部代码（剪切的范围为友情链接版位第 1 行代码到首页模板的最后 1 行代码），并形成单独的模板文件（footer.html），该文件的代码如下。

```
<!--友情链接版位-->
<div class="friend">
    <div class="left">友<br />情<br />链<br />接</div>
    <div class="right">
        {pc:link action="type_list" siteid="$siteid" order="listorder DESC" num="10" return="data"}
        {loop $data $r}
        <a href="{$r[url]}">{str_cut($r[name],39,"")}</a>
        {/loop}
        {/pc}
    </div>
</div>
<!--页脚版位-->
<div class="footer">
    <div class="footer-centerbox">
        <div class="left">
            公司地址：{pc:block pos="addr"}{/pc}<br />
            {pc:block pos="copyright"}{/pc}<br />
            联系电话：{pc:block pos="header_fwrx"}{/pc}
            电子邮箱：{pc:block pos="email"}{/pc}<br />
            备案号：{pc:block pos="beian"}{/pc}
        </div>
        <div class="right">
          {pc:block pos="ewm"}{/pc}
        </div>
  </div>
</div>
</body>
</html>
```

步骤3：在首页模板文件中引入头部文件和尾部文件。

在首页模板文件 index.html 代码的最前面编写标签“{template "content","header"}”引入头部文件 header.html，并在首页模板文件 index.html 代码的最后面编写标签“{template "content","footer"}”引入尾部文件 footer.html，此时，首页模板文件 index.html 的完整代码如下。

```
{template "content","header"}
<!-- “关于花公子、新闻动态、联系信息”形成的横向版位-->
<div class="main">
    <!--关于花公子版位-->
    <div class="left">
        <div class="up">
            <div class="left">
                <span class="cattitle">关于花公子</span>|
                <span class="cattitle_en">ABOUT US</span>
            </div>
            <div class="right"><a href="{$CATEGORYS[9]['url']}">详细</a></div>
        </div>
        <div class="down">
            <div class="left">
                <img src="{IMG_PATH}huagongzi/bee.jpg" width="121" height="121" />
            </div>
            <div class="right">{pc:block pos="index_about_content"} {/pc}</div>
        </div>
    </div>

    <!--新闻动态版位-->
    <div class="center">
        <div class="up">
            <div class="left">
                <span class="cattitle">新闻动态</span>|
                <span class="cattitle_en">NEWS</span>
            </div>
            <div class="right"><a href="{$CATEGORYS[10]['url']}">更多</a></div>
        </div>
        <div class="down">
            {pc:content   action="lists" catid="10" order="id DESC" num="8"}
            {loop $data $r}
            <a href="{$r[url]}">{$r[title]}</a>
            {/loop}
            {/pc}

        </div>
    </div>
    <!--联系信息版位-->
    <div class="right">
```

```
        <div class="tel">{pc:block pos="tel400"}{/pc}</div>
        <div class="weixin">{pc:block pos="weixin"}{/pc}</div>
        <div class="messagelink"><a href="{$CATEGORYS[12]['url']}">访客留言</a></div>
        <div class="qq">
            <a target=blank href=tencent://message/?uin={pc:block pos="qq"}{/pc}>
                <img border="0" src="{IMG_PATH}huagongzi/qqonline.png">
            </a>
        </div>
    </div>
</div>
<!--最新蜂蜜版位-->
<div class="product">
    <div class="up">
        <div class="left">
            <span class="cattitle">最新蜂蜜</span>|
            <span class="cattitle_en">LATEST PRODUCT</span>
        </div>
        <div class="right"><a href="{$CATEGORYS[11]['url']}">更多</a></div>
    </div>
    <div class="down">
        {pc:content action="lists" catid="11" order="id DESC" num="5"}
        {loop $data $r}
        <a href="{$r[url]}"><img src="{$r[thumb]}" width="162" height="177"></a>
        {/loop}
        {/pc}
    </div>
</div>
{template "content","footer"}
```

至此，首页模板已制作完成。

8.2.2 制作关于花公子模板

关于花公子模板由栏目列表页模板和内容页模板构成，下面将按照“自上而下、边写标签代码边浏览”的顺序一步步地制作关于花公子栏目列表页模板和内容页模板。

8.2.2.1 制作关于花公子栏目列表页模板

8.2.2.1 制作关于花公子栏目列表页模板

1. 重命名关于花公子栏目列表页

进入“phpcms/templates/huagongzi/content/”目录，将about.html重命名为“list_about.html”，需要注意的是，根据PHPCMS的使用规则，以“list”开头的HTML文件被认为是栏目列表页。

2. 设置关于花公子栏目列表页模板

步骤 1：进入 PHPCMS 后台。

步骤 2：选择“内容”选项卡，然后在左侧列表中选择“内容相关设置”下的“管理栏目”选项，并单击“关于花公子”右侧的“修改”链接，如图 8-32 所示。

图 8-32

步骤 3：在关于花公子栏目的配置界面上选择“模板设置”选项卡，然后在“可选风格”下拉列表中选择“花公子蜂蜜网站”风格，在“栏目列表页模板”下拉列表中选择“list_about.html”模板，操作完成后单击“提交”按钮，如图 8-33 所示。

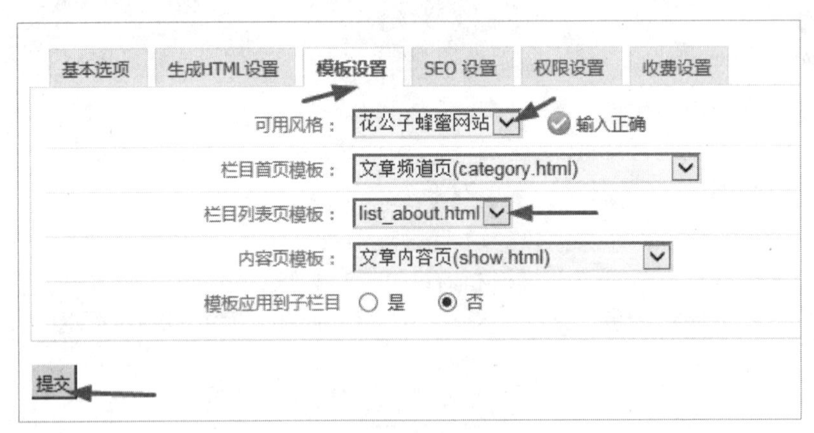

图 8-33

步骤 4：在弹出的操作成功的提示界面中单击“更新栏目缓存”按钮，此时，关于花公子栏目列表页模板设置完成，刷新网站前台首页后，单击导航上的“关于花公子”导航项时，将会打开关于花公子页。

3. 引入模板头部文件和尾部文件

步骤 1：使用代码编辑工具（如 Sublime Text、PhpStorm、Dreamweaver 等）打开“list_about.html”文件。

步骤 2：分析页面头部和尾部。

通过分析关于花公子页可知，该页面的头部和尾部与首页的头部和尾部是一样的。

步骤 3：删除页面头部代码和尾部代码。

删除关于花公子页第 1 行代码至 banner 版位结束的代码，以及从友情链接版位第 1 行代码至最后 1 行的代码。

步骤 4：编写引入模板头部文件和尾部文件的标签代码。

在关于花公子页的最前面编写以下标签代码以引入模板头部文件（header.html）。

```
{template "content","header"}
```

在关于花公子页的最后面编写以下标签代码以引入模板尾部文件（footer.html）。

```
{template "content","footer"}
```

步骤 5：浏览效果。

刷新网站前台首页，然后单击“关于花公子”导航项，此时关于花公子页已正常显示。

4. 图片文件路径模板化

按照在首页模板中制作“图片文件路径模板化”的方法，对关于花公子页的图片文件路径进行模板化。

5. 关于花公子列表版位模板化

步骤 1：分析关于花公子列表版位的代码。

```
<!--关于花公子列表版位-->
<div class="sidebar_common">
  <div class="cattitle">关于花公子</div>
    <div class="catcontent">
      <div class="item">
        <a class="right" href="#">企业荣耀</a>
      </div>
      <div class="item">
        <a class="right" href="#">企业视频</a>
      </div>
      <div class="item">
        <a class="right" href="#">企业场景</a>
      </div>
      <div class="item">
        <a class="right" href="#">组织机构</a>
      </div>
      <div class="item">
        <a class="right" href="#">公司概况</a>
```

```
        </div>
    </div>
</div>
```

通过分析上述关于花公子列表版位的代码可知，“关于花公子”为栏目名称，“企业荣耀、企业视频、企业场景、组织机构、公司概况”可以看作关于花公子栏目的文章标题，当进入关于花公子栏目列表页时，将排在最前面的文章标题关联的内容作为页面右侧内容输出。

步骤 2：编写输出“关于花公子”栏目名称的标签代码。

使用下面的标签代码替换关于花公子列表版位标题“关于花公子”。

```
{$CATEGORYS[9]['catname']}
```

上述标签代码用于获取栏目 ID 为 9 的栏目名称。

步骤 3：编写输出“关于花公子”栏目列表标题的标签代码。

使用以下标签代码替换关于花公子列表版位代码“<div class="catcontent">”盒子里面的代码。

```
{pc:content   action="lists"   catid="9"   order="listorder"   num="5"   moreinfo="1"}
{loop   $data   $r}
     {if $n==1}   <!--$n 为自增变量-->
          {php   $pcontent=$r[content];} <!--使用 PHP 语法定义变量并赋值-->
     {/if}
<div class="item">
     <a class="right" href="{$r['url']}">{str_cut($r[title],18,"")}</a>
</div>
{/loop}
{/pc}
```

【重要说明】

参数“moreinfo="1"”表示在返回数据的时候，将副表中的数据一起返回。在 PHPCMS 系统中，一个内容模型由 1 张主表和 1 张副表组成，主表一般用于保存标题、所属栏目等短小的数据以方便索引，而副表则用于保存数据量较大的数据（如内容等），因此，在列表中调取副表的数据就需要在 PC 标签中使用 moreinfo 参数，参数值为“0”时（即 moreinfo="0"）表示不调用副表，参数值为“1”时（即 moreinfo="1"）表示调用副表。

在标签“{if}”中，引用自增变量“$n”，当$n==1 时，取出字段“content”的内容并赋给变量$pcontent，这样就可以将排在最前面的文章内容作为关于花公子栏目列表页的默认输出内容。

步骤 4：浏览效果。

刷新网站前台关于花公子页，我们会看到该页面的关于花公子列表版位已正常输出列表标题。

6. 联系我们信息版位模板化

步骤 1：分析联系我们信息版位的代码。

```
<!--联系我们信息版位-->
<div class="sidebar_contact">
```

```
    <div class="cattitle">联系我们</div>
    <div class="catcontent">
        <div class="item">地址：广东省惠州市惠城区</div>
        <div class="item">服务热线：400-×××××××</div>
        <div class="item">网址：http://www.×××.com</div>
        <div class="item">电子邮箱：huagongzi@163.com</div>
        <div class="item">QQ：123456789 </div>
        <div class="item">微信：xiaomifengwx</div>
    </div>
</div>
```

通过分析上述联系我们信息版位的代码可知，网站管理员进入后台后，能够编辑地址、服务热线、电子邮箱、QQ、微信信息项，而以上信息项恰好在制作首页模板时，已创建了碎片，因此我们可以直接调用，而网址则可以直接通过 PHPCMS 的相应标签代码获取并输出。

步骤 2：编写联系我们信息版位相应信息项的标签代码。

根据已创建的碎片和获取的站点 URL 的标签，在相应的位置编写标签代码后，联系我们信息版位的代码如下。

```
<!--联系我们信息版位-->
    <div class="sidebar_contact">
    <div class="cattitle">联系我们</div>
        <div class="catcontent">
        <div class="item">地址：{pc:block pos="addr"}{/pc}</div>
        <div class="item">服务热线：{pc:block pos="header_fwrx"}{/pc}</div>
        <div class="item">网址：{siteurl($siteid)}</div>
        <div class="item">电子邮箱：huagongzi@163.com</div>
        <div class="item">QQ：{pc:block pos="qq"}{/pc} </div>
        <div class="item">微信：{pc:block pos="weixin"}{/pc}</div>
    </div>
</div>
```

在上述标签代码中，“{siteurl($siteid)}”用于获取当前站点的 URL。

步骤 3：浏览效果。

刷新网站前台关于花公子页，我们会看到该页面的联系我们信息版位已正常输出相关信息。

7. 关于花公子内容版位模板化

步骤 1：分析关于花公子内容版位的代码。

```
<!--关于花公子内容版位-->
<div class="right">
  <div class="subnav">您现在的位置：<a href="#">首页</a>><a href="#">关于花公子</a></div>
  <div class="content">
    <!--这里用于输出关于花公子文章内容，请读者自行输入-->
```

```
    </div>
</div>
```

通过分析上述关于花公子内容版位的代码可知，访问者单击页内导航的链接文本“首页”时需跳转到网站首页；页内导航的栏目名称需由标签代码输出，且单击该栏目名称“关于花公子”时需跳转到关于花公子栏目列表页；关于花公子栏目列表页默认文章内容已在关于花公子列表版位模板化时进行赋值，使用的变量为$pcontent。

步骤 2：编写页内导航文本“首页”链接地址的标签代码。

用于输出“首页”链接地址的标签代码如下。

```
{siteurl($siteid)}
```

步骤 3：编写页内导航栏目名称的标签代码。

用于输出栏目名称的标签代码如下。

```
{$CATEGORYS[$catid]['catname']}
```

步骤 4：编写页内导航栏目名称链接地址的标签代码。

用于输出栏目名称链接地址的标签代码如下。

```
{$CATEGORYS[$catid]['url']}
```

步骤 5：编写输出关于花公子文章内容的标签代码。

根据关于花公子列表版位模板化时对变量$pcontent 赋值的情况可知，输出关于花公子文章内容的标签代码如下。

```
{$pcontent}
```

至此，关于花公子内容版位的模板化任务已完成，该版位模板化后的代码如下。

```
<!--关于花公子内容版位-->
<div class="right">
    <div class="subnav">
        您现在的位置：<a href="{siteurl($siteid)}">首页</a>>
        <a href="{$CATEGORYS[$catid]['url']}">{$CATEGORYS[$catid]['catname']}</a>
        </div>
        <div class="content">
            {$pcontent}
        </div>
</div>
```

步骤 6：浏览效果。

刷新网站前台关于花公子页，我们会看到该页面的关于花公子内容版位已正常输出相关信息，并且进入系统后台调整关于花公子文章标题的排序后，排在最前面的文章标题的相关内容将在关于花公子内容版位输出。

8. 分离关于花公子列表版位、联系我们信息版位和页内导航版位

通过分析发现，后续制作的模板中也存在关于花公子列表版位、联系我们信息版位和页内导航版位，且版位内容、结构与本模板的一样，为了减少工作量，提高工作效率，方便后期

维护，有必要将关于花公子列表版位、联系我们信息版位和页内导航版位的代码提取出来形成单独的模板文件，然后使用 PHPCMS 的 template 函数将其包含进来。

步骤 1：分离关于花公子列表版位。

剪切关于花公子列表版位的代码（剪切的范围为“<div class="sidebar_common">...</div>”），并形成单独的模板文件（sidebar_about.html），该文件的代码如下。

```
<div class="sidebar_common">
    <div class="cattitle">{$CATEGORYS[9]['catname']}</div>
    <div class="catcontent">
        {pc:content action="lists" catid="9" order="listorder" num="5" moreinfo="1"}
        {loop $data $r}
        {if $n==1}
        {php $pcontent=$r[content];}
        {/if}
            <div class="item">
                <a class="right" href="{$r['url']}">{str_cut($r[title],18,"")}</a>
            </div>
            {/loop}
            {/pc}
    </div>
</div>
```

步骤 2：分离联系我们信息版位。

剪切联系我们信息版位的代码（剪切的范围为“<div class="sidebar_contact">...</div>”），并形成单独的模板文件（sidebar_contact.html），该文件的代码如下。

```
<div class="sidebar_contact">
    <div class="cattitle">联系我们</div>
    <div class="catcontent">
        <div class="item">地址：{pc:block pos="addr"}{/pc}</div>
        <div class="item">服务热线：{pc:block pos="header_fwrx"}{/pc}</div>
        <div class="item">网址：{siteurl($siteid)}</div>
        <div class="item">电子邮箱：huagongzi@163.com</div>
        <div class="item">QQ：{pc:block pos="qq"}{/pc} </div>
        <div class="item">微信：{pc:block pos="weixin"}{/pc}</div>
    </div>
</div>
```

步骤 3：分离页内导航版位。

把页内导航版位的代码抽取出来形成单独的文件（subnav.html），该文件的代码如下。

```
<div class="subnav">
    您现在的位置：<a href="{siteurl($siteid)}">首页</a>>
    <a href="{$CATEGORYS[$catid]['url']}">{$CATEGORYS[$catid]['catname']}</a>
</div>
```

步骤4：引入关于花公子列表版位、联系我们信息版位和页内导航版位文件。

在相应的位置编写标签“{template "content","sidebar_about"}”，引入关于花公子列表版位文件 sidebar_about.html；在相应位置编写标签“{template "content","sidebar_contact"}”，引入联系我们信息版位文件 sidebar_contact.html；在相应位置编写标签“{template "content","subnav"}”引入页内导航文件 subnav.html。

此时，关于花公子栏目列表页模板已制作完成，该模板页（list_about.html）的完整代码如下。

```
{template "content","header"}
<!-- “关于花公子”主体版位 main-about-->
<div class="main-about">
    <div class="left">
        <!--关于花公子列表版位-->
        {template "content","sidebar_about"}
        <!--联系我们信息版位-->
        {template "content","sidebar_contact"}
    </div>
    <!--关于花公子内容版位-->
    <div class="right">
        <!--页内导航版位-->
        {template "content","subnav"}
        <div class="content">
            {$pcontent}
        </div>
    </div>
</div>
{/pc}
{template "content","footer"}
```

8.2.2.2 制作关于花公子内容页模板

8.2.2.2 制作关于花公子内容页模板

关于花公子内容页主要用于显示关于花公子文章的详细内容，通过分析可知，关于花公子内容页与关于花公子栏目列表页的页面结构类似，主要的区别在于，在关于花公子栏目列表页中，关于花公子内容版位输出的内容为排序最前的文章内容，而在关于花公子内容页中，关于花公子内容版位输出的内容为访问者所访问的文章内容，因此，在制作关于花公子内容页模板时直接复制关于花公子栏目列表页模板并进行适当的修改即可。

步骤1：复制关于花公子栏目列表页文件“list_about.html”并将其重命名为“show_about.html”。

步骤2：设置关于花公子内容页模板。按照设置关于花公子栏目列表页模板的操作步骤，设置关于花公子内容页模板，如图8-34所示，设置完成后单击“提交”按钮即可。

图 8-34

步骤 3：编写输出关于花公子内容页的关于花公子内容版位的标签代码。在 PHPCMS 中，用于输出内容页内容的标签为{$content}，因此关于花公子内容版位的标签代码为：

```
{$content}
```

步骤 4：浏览效果。打开网站前台关于花公子页，单击页面左侧关于花公子列表的文章标题，我们会发现，在右侧将会输出相应的内容，至此，关于花公子内容页模板已制作完成。

8.2.3 制作新闻动态模板

新闻动态模板由新闻动态栏目首页模板、新闻动态栏目列表页模板和新闻动态内容页模板构成，下面将按照“自上而下、边写标签代码边浏览”的顺序一步步地制作新闻动态模板。

8.2.3.1 制作新闻动态栏目首页模板

8.2.3.1 制作新闻动态栏目首页模板

1. 重命名新闻动态栏目首页

进入“phpcms/templates/huagongzi/content/”目录，将 Web 页面文件“news.html”重命名为“category_news.html”。

2. 设置新闻动态栏目首页模板

步骤 1：进入 PHPCMS 后台。

步骤 2：选择“内容”选项卡，然后在左侧列表中选择“内容相关设置”下的“管理栏目”选项，并单击“新闻动态”右侧的“修改”链接，如图 8-35 所示。

图 8-35

步骤 3：在新闻动态栏目的配置界面上选择“模板设置”选项卡，在“可用风格”下拉列表中选择“花公子蜂蜜网站”风格，在“栏目首页模板”下拉列表中选择“category_news.html”模板，操作完成后单击“提交”按钮，如图 8-36 所示。

图 8-36

步骤 4：在弹出的操作成功的提示界面中单击“更新栏目缓存”按钮，此时，新闻动态栏目首页模板设置完成。

3. 引入模板头部、尾部文件和联系我们信息版位文件

步骤 1： 使用代码编辑工具（如 Sublime Text、PhpStorm、Dreamweaver 等）打开文件“category_news.html”。

步骤 2：分析页面头部、尾部及联系我们信息版位。

通过分析新闻动态栏目首页可知，该页面的头部、尾部与首页的头部、尾部是一样的，联系我们信息版位与关于花公子栏目列表页模板的联系我们信息版位是一样的。

步骤 3：删除页面头部、尾部代码和联系我们信息版位代码并引入相应的文件。

删除新闻动态栏目首页第 1 行代码至 banner 版位结束的代码、删除友情链接版位第 1 行代码至最后 1 行代码，以及联系我们信息版位的代码。

在新闻动态栏目首页最前面编写以下标签代码以引入模板头部文件（header.html）。

```
{template "content","header"}
```

在新闻动态栏目首页最后面编写以下标签代码以引入模板尾部文件（footer.html）。

```
{template "content","footer"}
```

在新闻动态栏目首页的联系我们信息版位处编写以下标签代码以引入联系我们信息版位文件（sidebar_contact.html）。

```
{template "content","sidebar_contact"}
```

步骤 4：浏览效果。

刷新网站前台新闻动态栏目首页，页面头部、尾部和联系我们信息版位已正常显示。

4. 图片文件路径模板化

按照在首页模板中制作“图片文件路径模板化”的方法，对新闻动态栏目首页的图片文件路径进行模板化。

5. 新闻类别版位模板化

步骤 1：分析新闻类别版位的代码。

```
<!--新闻类别版位-->
<div class="sidebar_common" >
    <div class="cattitle">新闻类别</div>
    <div class="catcontent">
      <div class="item">
        <a class="right" href="#">企业新闻</a>
      </div>
      <div class="item">
        <a class="right" href="#">行业新闻</a>
      </div>
    </div>
</div>
```

通过分析上述代码可知，新闻类别版位需输出新闻类别列表，并且类别名称和相应的链接地址均由标签代码输出。

步骤 2：编写输出新闻类别的标签代码。

使用以下标签代码替换新闻类别版位代码“<div class="catcontent">”盒子中的代码。

```
{pc:content action="category" catid="10" order="listorder"}
{loop  $data  $r}
<div class="item">
  <a class="right" href="{$r['url']}">{$r['catname']}</a>
  </div>
```

```
{/loop}
{/pc}
```

在上述标签代码中，“{pc:content action="category" catid="10" order="listorder"}”用于指定查询栏目 ID 为 10 的子栏目，且按字段 listorder 升序排列。

步骤 3：浏览效果。

刷新网站前台新闻动态栏目首页，我们会看到该页面的新闻类别版位已正常输出栏目列表标题。

6. 新闻动态列表版位模板化

步骤 1：分析新闻动态列表版位的代码。

```
<!--新闻动态列表版位-->
<div class="right">
  <!--页内导航-->
  <div class="subnav">您现在的位置：
    <a href="#">首页</a>><a href="#">新闻动态</a>
  </div>
  <div class="content">
    <div class="row">
      <a href="#">花公子蜂业科技有限公司召开 2019 年年终总结会</a>
      <div class="pubdate">2019-12-28</div>
     </div>
     ...
     <div class="page">
         <a href="#">尾页</a>
         <a href="#">下一页</a>
         <a href="#">2</a>
         <a href="#">1</a>
         <a href="#">上一页</a>
         <a href="#">首页</a>
         <a href="#">16 条</a>
     </div>
  </div>
</div>
```

通过分析上述新闻动态列表版位的代码可知，访问者单击页内导航的链接文本“首页”时需跳转到网站首页；页内导航的栏目名称需由标签代码输出，并且单击该栏目名称时需跳转到相应的页面；新闻信息需循环输出，并且包括新闻标题、链接地址和发布时间；分页需使用相关标签实现控制。

步骤 2：引入页内导航文件。

删除页内导航代码并使用下述标签代码引入页内导航文件（subnav.html）。

```
{template "content","subnav"}
```

步骤 3：编写输出新闻列表的标签代码。

使用以下标签代码替换新闻动态列表版位代码“<div class="content">”盒子中的代码。

```
{pc:content action="lists" catid="$catid" num="11" order="id DESC" page="$page"}
{loop $data $r}
<div class="row">
    <a href="{$r[url]}">{$r[title]}</a>
    <div class="pubdate">{date('Y-m-d',$r[inputtime])}</div>
</div>
{/loop}
{/pc}
```

在上述标签代码中：“page="$page"”用于设置分页；“{date('Y-m-d',$r[inputtime])}”用于输出新闻发布的时间，且通过 date()函数格式化日期格式。

步骤 4：编写输出分页的标签代码。

使用以下标签代码替换新闻动态列表版位代码“<div class="page">”盒子中的代码。

```
    {$pages}
```

步骤 5：分离新闻类别版位。

通过分析发现，后续制作的模板中也存在新闻类别版位，且与本模板的一样，为了减少工作量，提高工作效率，方便后期维护，有必要将新闻类别版位的代码提取出来形成单独的模板文件（sidebar_newsclass.html），该文件的代码如下。

```
<div class="sidebar_common" >
<div class="cattitle">新闻类别</div>
    <div class="catcontent">
    {pc:content action="category" catid="10" order="listorder"}
    {loop $data $r}
      <div class="item">
        <a class="right" href="{$r['url']}">{$r['catname']}</a>
      </div>
    {/loop}
    {/pc}
  </div>
</div>
```

步骤 6：引入新闻类别版位文件。

在新闻类别版位中，使用“{template"content","sidebar_newsclass"}”标签代码将新闻类别版位文件包含进来。

步骤 7：浏览效果。

在网站前台首页单击导航上的“新闻动态”导航项，我们会发现，新闻动态栏目首页已正常输出新闻列表，当新闻列表大于 10 条时，将会输出分页导航。

至此，新闻动态栏目首页模板已制作完成，该模板页（category_news.html）的完整代码如下。

```
{template "content","header"}
```

```
<!--“新闻动态”主体版位 main-news-->
<div class="main-news">
   <div class="left">
      <!--新闻类别版位-->
      {template "content","sidebar_newsclass"}
      <!--联系我们信息版位-->
      {template "content","sidebar_contact"}
   <!--新闻动态列表版位-->
   <div class="right">
      <!--页内导航版位-->
      {template "content","subnav"}
      <div class="content">
         {pc:content action="lists" catid="$catid" num="11" order="id DESC" page="$page"}
         {loop $data $r}
         <div class="row"> <a href="{$r[url]}">{$r[title]}</a>
            <div class="pubdate">{date('Y-m-d',$r[inputtime])}</div>
         </div>
         {/loop}
         {/pc}
         <div class="page"> {$pages} </div>
      </div>
   </div>
</div>
{template "content","footer"}
```

8.2.3.2 制作新闻动态栏目列表页模板

8.2.3.2 制作新闻动态栏目列表页模板

1. 分析新闻动态栏目列表页

通过分析可知，新闻动态栏目列表页与新闻动态栏目首页是一致的。

2. 生成新闻动态栏目列表页模板

复制新闻动态栏目首页模板并将其重命名为“list_news.html”，该文件便成了新闻动态栏目列表页模板。

3. 设置新闻动态栏目列表页模板

按照设置新闻动态栏目首页模板的方法设置新闻动态栏目列表页模板，如图 8-37 所示。

图 8-37

4. 浏览效果

打开网站前台新闻动态栏目首页，然后选择新闻类别版位的“企业新闻”或“行业新闻”选项，我们会发现，页面右侧会输出相应类别的新闻列表。

至此，新闻动态栏目列表页模板已制作完成。

8.2.3.3 制作新闻动态内容页模板

1. 重命名新闻动态内容页

进入“phpcms/templates/huagongzi/content/”目录，将 Web 页面文件“news_show.html”重命名为“show_news.html”。

2. 设置新闻动态内容页模板

按照设置新闻动态栏目首页模板的方法设置新闻动态内容页模板，如图 8-38 所示。

图 8-38

3. 引入模板头部、尾部、新闻类别版位、联系我们信息版位和页内导航版位文件

步骤 1： 使用代码编辑工具（如 Sublime Text、PhpStorm、Dreamweaver 等）打开文件“show_news.html”。

步骤 2： 分析页面头部、尾部、新闻类别版位、联系我们信息版位和页内导航版位。

通过分析新闻动态内容页可知，该页面的头部、尾部、新闻类别版位、联系我们信息版位和页内导航版位与新闻动态栏目列表页对应的版位是一样的。

步骤 3：引入页面头部、尾部、新闻类别版位、联系我们信息版位和页内导航版位文件。

① 删除页面头部代码（第 1 行至 banner 版位结束的代码），并通过标签“{template "content","header"}”引入头部模板文件（header.html）。

② 删除页面尾部代码(友情链接版位第 1 行代码至最后 1 行代码),并通过标签“{template "content","footer"}”引入尾部模板文件（footer.html）。

③ 删除新闻类别版位代码，并通过标签“{template "content","sidebar_newsclass"}”引入新闻类别版位的模板文件（sidebar_newsclass.html）。

④ 删除联系我们信息版位代码，并通过标签“{template "content","sidebar_contact"}”引入联系我们信息版位的模板文件（sidebar_contact.html）。

⑤ 删除页内导航版位代码，并通过标签“{template "content","subnav"}”引入页内导航版位的模板文件（subnav.html）。

步骤 4：浏览效果。

刷新网站前台新闻动态内容页，我们会发现，页面头部、尾部、新闻类别版位、联系我们信息版位和页内导航版位均已正常显示。

4. 新闻内容版位模板化

步骤 1：分析新闻内容版位的代码。

```
<!--新闻内容版位-->
<div class="content">
    <div class="title">花公子蜂业科技有限公司召开 2019 年年终总结会</div>
    <div class="comefrom">来源：本站    发布时间：2019-12-28</div>
    <div class="detail">
        <!--这里是新闻的详细内容-->
    </div>
</div>
```

通过分析上述新闻内容版位的代码可知，新闻标题、来源、发布时间和新闻的详细内容均需要通过 PHPCMS 的标签代码来输出。

步骤 2：编写新闻标题标签代码。

使用标签代码“{$title}”替换新闻标题位置的内容。

步骤 3：编写来源标签代码。

使用标签代码“{$copyfrom}”替换来源位置的内容。

步骤 4：编写发布时间标签代码。

使用标签代码“{date('Y-m-d',strtotime($inputtime))}”替换发布时间位置的内容。

步骤 5：编写新闻的详细内容标签代码。

使用标签代码“{$content}”替换新闻详细内容位置的内容。

至此，新闻内容版位的模板化任务已完成，该版位模板化后的代码如下。

```
<div class="content">
    <div class="title">{$title}</div>
```

```
    <div class="comefrom">
        来源：{$copyfrom}  发布时间：{date('Y-m-d',strtotime($inputtime))}
    </div>
    <div class="detail">
        {$content}
    </div>
</div>
```

5. 浏览效果

打开网站前台新闻动态栏目列表页，然后单击任意一条新闻标题，在新闻动态内容页将输出新闻的相关信息。

至此，新闻动态内容页模板已制作完成，该模板页的详细代码如下。

```
{template "content","header"}
<!--“新闻动态内容页”主体版位 main-newsshow-->
<div class="main-newsshow">
    <div class="left">
        <!--新闻类别版位-->
        {template "content","sidebar_newsclass"}
        <!--联系我们信息版位-->
        {template "content","sidebar_contact"}
    </div>
    <div class="right">
        <!--页内导航版位-->
        {template "content","subnav"}
        <!--新闻内容版位-->
        <div class="content">
            <div class="title">{$title}</div>
            <div class="comefrom">
                来源：{$copyfrom}  发布时间：{date('Y-m-d',strtotime($inputtime))}</div>
            <div class="detail">{$content}</div>
        </div>
    </div>
</div>
{template "content","footer"}
```

8.2.4 制作产品中心模板

产品中心模板由产品中心栏目首页模板、产品中心栏目列表页模板和产品中心内容页模板构成，下面将按照“自上而下、边写标签代码边浏览”的顺序一步步地制作产品中心模板。

8.2.4.1　制作产品中心栏目首页模板

8.2.4.1 制作产品中心栏目首页模板

1. 重命名产品中心栏目首页

进入“phpcms/templates/huagongzi/content/”目录，将 Web 页面文件“product.html”重命名为“category_product.html”。

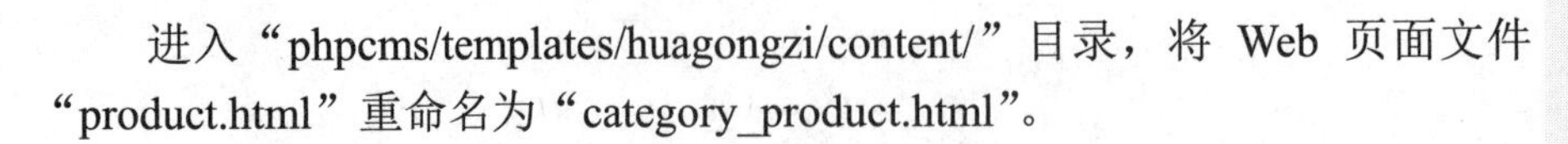

2. 设置产品中心栏目首页模板

步骤 1：进入 PHPCMS 后台。

步骤 2：选择“内容”选项卡，然后在左侧列表中选择“内容相关设置”下的“管理栏目”选项，并单击“产品中心”右侧的“修改”链接，如图 8-39 所示。

图 8-39

步骤 3：在产品中心栏目的配置界面中选择“模板设置”选项卡，在“可用风格”下拉列表中选择“花公子蜂蜜网站”风格，在“栏目首页模板”下拉列表中选择“category_product.html”模板，操作完成后单击“提交”按钮，如图 8-40 所示。

基本选项　生成HTML设置　模板设置　SEO 设置　权限设置　收费设置

可用风格：花公子蜂蜜网站　输入正确
栏目首页模板：category_product.html
栏目列表页模板：请选择
内容页模板：请选择
模板应用到子栏目　○是　◉否

提交

图 8-40

步骤 4：在弹出的操作成功的提示界面中单击“更新栏目缓存”按钮，此时，产品中心栏目首页模板设置完成。

3. 引入模板头部、尾部、联系我们信息版位和页内导航版位文件

步骤 1：使用代码编辑工具（如 Sublime Text、PhpStorm、Dreamweaver 等）打开文件“category_product.html”。

步骤 2：分析页面头部、尾部、联系我们信息版位和页内导航版位。

通过分析产品中心栏目首页可知，该页面的头部、尾部、联系我们信息版位和页内导航版位与关于花公子页对应的版位是一致的。

步骤 3：引入页面头部、尾部、联系我们信息版位和页内导航版位文件。

（1）删除页面头部代码（第 1 行至 banner 版位结束的代码），并通过标签“{template "content","header"}”引入头部模板文件（header.html）。

（2）删除页面尾部代码（友情链接版位第 1 行代码至最后 1 行代码），并通过标签“{template "content","footer"}”引入尾部模板文件（footer.html）。

（3）删除联系我们信息版位代码，并通过标签“{template "content","sidebar_contact"}”引入联系我们信息版位的模板文件（sidebar_contact.html）。

（4）删除页内导航版位代码，并通过标签“{template "content","subnav"}”引入页内导航版位模板文件。

步骤 4：浏览效果。

刷新网站前台产品中心栏目首页，我们会发现，页面头部、尾部、联系我们信息版位和页内导航版位均已正常显示。

4. 图片文件路径模板化

按照在首页模板中制作“图片文件路径模板化”的方法，对产品中心栏目首页的图片文件路径进行模板化。

5. 产品类别版位模板化

步骤 1：产品类别版位的代码如下。

```
<!--产品类别版位-->
<div class="sidebar_common" >
    <div class="cattitle">产品类别</div>
        <div class="catcontent">
            <div class="item">
                <a class="right" href="#">百花蜜</a>
            </div>
            <div class="item">
                <a class="right" href="#">龙眼蜜</a>
            </div>
            <div class="item">
                <a class="right" href="#">椴树蜜</a>
```

```
            </div>
            <div class="item">
                <a class="right" href="#">黄连蜜</a>
            </div>
            <div class="item">
                <a class="right" href="#">橙花蜜</a>
            </div>
    </div>
</div>
```

通过分析上述代码可知，产品类别版位需输出产品类别列表，并且类别名称和相应的链接地址均由标签代码输出。

步骤 2：编写输出产品类别列表的标签代码。

使用以下标签代码替换产品类别版位代码“<div class="catcontent">”盒子中的代码。

```
{pc:content action="category" catid="11" order="listorder"}
{loop $data $r}
<div class="item">
    <a class="right" href="{$r[url]}">{$r[catname]}</a>
</div>
{/loop}
{/pc}
```

在上述标签代码中，“{pc:content action="category" catid="11" order="listorder"}”用于指定查询栏目 ID 为 11 的子栏目，且按字段 listorder 升序排列。

步骤 3：浏览效果。

刷新网站前台产品中心栏目首页，我们会看到，该页面的产品类别版位已正常输出栏目列表标题。

6. 产品中心列表版位模板化

步骤 1：产品中心列表版位的代码如下。

```
<!--产品中心列表版位-->
<div class="content">
  <div class="probox">
    <a class="thumbnail" href="#">
    <img src="{IMG_PATH}huagongzi/pro1.jpg" width="162" height="177">
    </a>
    <a class="title"   href="#">百花蜜蜂浆 600g</a>
  </div>
   ……
  <div class="page">
    <a href="#">尾页</a>
    <a href="#">下一页</a>
    <a href="#">2</a>
```

```
    <a href="#">1</a>
    <a href="#">上一页</a>
    <a href="#">首页</a>
    <a href="#">16 条</a>
  </div>
</div>
```

通过分析上述产品中心列表版位的代码可知，访问者单击页内导航的链接文本“首页”时需跳转到网站首页；页内导航的栏目名称需由标签代码输出，且单击该栏目名称时需跳转到相应的页面；产品信息（包括产品标题、缩略图及链接地址）需循环输出；分页需使用相关标签来控制。

步骤2：编写输出产品列表的标签代码。

使用以下标签代码替换产品中心列表版位代码“<div class="content">”盒子里面的代码。

```
{pc:content action="lists" catid="$catid" num="9" page="$page"}
{loop $data $r}
<div class="probox">
  <a class="thumbnail" href="{$r[url]}">
    <img src="{$r[thumb]}" width="162" height="177">
  </a>
  <a class="title"   href="{$r[url]}">{$r[title]}</a>
</div>
{/loop}
{/pc}
```

在上述标签代码中：“page="$page"”用于设置分页；“{$r[thumb]}”用于输出缩略图路径。

步骤3：编写输出分页的标签代码。

使用以下标签代码替换产品中心列表版位代码“<div class="page">”盒子里面的代码。

```
    {$pages}
```

步骤4：分离产品类别版位。

通过分析发现，后续制作的模板中也存在产品类别版位，且与本模板的一样，为了减少工作量，提高工作效率，方便后期维护，有必要将产品类别版位的代码提取出来形成单独的模板文件（sidebar_productclass.html），该文件的代码如下。

```
<div class="sidebar_common" >
<div class="cattitle">产品类别</div>
    <div class="catcontent">
    {pc:content action="category" catid="11" order="listorder"}
    {loop $data $r}
      <div class="item">
        <a class="right" href="{$r['url']}">{$r['catname']}</a>
      </div>
    {/loop}
    {/pc}
```

```
    </div>
</div>
```

步骤5：引入产品类别版位文件。

在产品类别版位中，使用"{template"content","sidebar_productclass"}"标签代码将产品类别版位文件包含进来。

步骤6：浏览效果。

在网站前台首页单击导航上的"产品中心"导航项，我们会发现，产品中心栏目首页已正常输出产品列表。

至此，产品中心栏目首页模板已制作完成，该模板页（category_product.html）的完整代码如下。

```
{template "content","header"}
<!--"产品中心栏目首页"主体版位 main-product-->
<div class="main-product">
    <div class="left">
        <!--产品类别版位-->
        {template "content","sidebar_productclass"}
        <!--联系我们信息版位-->
        {template "content","sidebar_contact"}
    </div>
    <div class="right">
        <!--页内导航版位-->
        {template "content","subnav"}
        <!--产品中心列表版位-->
        <div class="content">
            {pc:content action="lists" catid="$catid" num="9" page="$page"}
            {loop $data $r}
            <div class="probox">
                <a class="thumbnail" href="{$r[url]}">
                    <img src="{$r[thumb]}" width="162" height="177"></a>
                <a class="title"  href="{$r[url]}">{$r[title]}</a>
            </div>
            {/loop}
            {/pc}
            <div class="page">
                {$pages}
            </div>
        </div>
    </div>
</div>
{template "content","footer"}
```

8.2.4.2 制作产品中心栏目列表页模板

8.2.4.2 制作产品中心栏目列表页模板

1. 分析产品中心栏目列表页

通过分析可知，产品中心栏目列表页与产品中心栏目首页是一致的。

2. 生成产品中心栏目列表页模板

复制产品中心栏目首页模板并将其重命名为“list_product.html”，该文件便成了产品中心栏目列表页模板。

3. 设置产品中心栏目列表页模板

进入 PHPCMS 系统后台，设置产品中心栏目列表页模板为“list_product.html”，如图 8-41 所示。

图 8-41

4. 浏览效果

在网站前台产品中心栏目列表页中单击产品类别版位的类别名称，产品中心列表版位将输出相应类别的产品列表。

至此，产品中心栏目列表页模板已制作完成。

8.2.4.3 制作产品中心内容页模板

8.2.4.3 制作产品中心内容页模板

1. 重命名产品中心内容页

进入“phpcms/templates/huagongzi/content/”目录，将 Web 页面文件“product_show.html”重命名为“show_product.html”。

2. 设置产品中心内容页模板

进入 PHPCMS 系统后台，设置产品中心内容页模板为“show_product.html”，如图 8-42 所示。

图 8-42

3. 引入模板头部、尾部、产品类别版位、联系我们信息版位和页内导航版位文件

步骤 1：使用代码编辑工具（如 Sublime Text、PhpStorm、Dreamweaver 等）打开文件“show_product.html”。

步骤 2：分析页面头部、尾部、产品类别版位、联系我们信息版位和页内导航版位。

通过分析产品中心内容页可知，该页面的头部、尾部、产品类别版位、联系我们信息版位和页内导航版位与产品中心栏目列表页对应的版位是一样的。

步骤 3：引入页面头部、尾部、产品类别版位、联系我们信息版位和页内导航版位模板文件。

（1）删除页面头部代码（第 1 行至 banner 版位结束的代码），并通过标签“{template "content","header"}”引入头部模板文件（header.html）。

（2）删除页面尾部代码（友情链接版位第 1 行代码至最后 1 行代码），并通过标签“{template "content","footer"}”引入尾部模板文件（footer.html）。

（3）删除产品类别版位代码，并通过标签“{template "content","sidebar_ productclass"}”引入新闻类别版位的模板文件（sidebar_productclass.html）。

（4）删除联系我们信息版位代码，并通过标签“{template "content","sidebar_contact"}”引入联系我们信息版位的模板文件（sidebar_contact.html）。

（5）删除页内导航版位代码，并通过标签“{template "content","subnav"}”引入页内导航版位的模板文件（subnav.html）。

步骤 4：浏览效果。

刷新网站前台产品中心内容页，我们会发现，页面头部、尾部、产品类别版位、联系我们信息版位和页内导航版位均已正常显示。

4. 图片文件路径模板化

按照在首页模板中制作“图片文件路径模板化”的方法，对产品中心内容页的图片文件路径进行模板化。

5. 产品内容版位模板化

步骤 1：分析产品内容版位的代码。

```
<!--产品内容版位-->
<div class="up">
```

```
    <div class="left">
      <img src="{IMG_PATH}huagongzi/pro1.jpg" width="162" height="177">
    </div>
    <div class="right">
      <span class="title">产品名称：百花蜜蜂浆 600g</span><br />
      产品类别：百花蜜<br />
      产品编号：s088<br />
      产品价格：￥88.00 </div>
    </div>
    <div class="center">
      <div class="splite">
        <div>产品详情</div>
      </div>
      <div class="detail">
        <img src="{IMG_PATH}huagongzi/baihua.jpg">
      </div>
    </div>
  <div class="down">
      <img src="{IMG_PATH}huagongzi/service.jpg" width="756"   height="227">
  </div>
```

通过分析上述产品内容版位的代码可知，产品缩略图、产品名称、产品类别、产品编号、产品价格及产品详情均要通过 PHPCMS 的标签代码来输出。

步骤 2：编写产品缩略图标签代码。

使用标签代码“{$thumb}”替换产品缩略图的路径。

步骤 3：编写产品名称标签代码。

使用标签代码“{$title}”替换产品名称位置的内容。

步骤 4：编写产品类别标签代码。

使用标签代码“{$CATEGORYS[$catid][catname]}”替换产品类别位置的内容。

步骤 5：编写产品编号标签代码。

使用标签代码“{$pro_num}”替换产品编号位置的内容。

步骤 6：编写产品价格标签代码。

使用标签代码“{$pro_ price}”替换产品价格位置的内容。

步骤 7：编写产品详情标签代码。

使用标签代码“{$content}”替换产品详情位置（即“<div class="detail">”盒子中的代码）的内容。

至此，产品中心内容版位的模板化任务已完成，该版位模板化后的代码如下。

```
<div class="up">
    <div class="left">
      <img src="{$thumb}" width="162" height="177">
    </div>
    <div class="right">
```

```
        <span class="title">产品名称：{$title}</span><br />
        产品类别：{$CATEGORYS[$catid][catname]}<br />
        产品编号：{$pro_num}<br />
        产品价格：￥{$pro_price} </div>
</div>
<div class="center">
    <div class="splite">
        <div>产品详情</div>
    </div>
    <div class="detail">{$content} </div>
</div>
<div class="down">
        <img src="{IMG_PATH}huagongzi/service.jpg" width="756"   height="227">
</div>
```

6. 浏览效果

打开网站前台产品中心栏目列表页，然后单击任意一款产品的标题或缩略图，产品中心内容页的产品内容版位正常输出相关信息。

至此，产品中心内容页模板已制作完成，该模板页（show_product.html）的完整代码如下。

```
{template "content","header"}
<!--“产品中心内容页”主体版位 main-productshow-->
<div class="main-productshow">
  <div class="left">
    <!--产品类别版位-->
    {template "content","sidebar_productclass"}
    <!--联系我们信息版位-->
    {template "content","sidebar_contact"} </div>
  <div class="right">
    <!--页内导航版位-->
    {template "content","subnav"}
    <!--产品内容版位-->
    <div class="up">
      <div class="left"> <img src="{$thumb}" width="162" height="177"> </div>
      <div class="right">
        <span class="title">产品名称：{$title}</span><br />
        产品类别：{$CATEGORYS[$catid][catname]}<br />
        产品编号：{$pro_num}<br />
        产品价格：￥{$pro_price} </div>
    </div>
    <div class="center">
      <div class="splite">
        <div>产品详情</div>
```

```
        </div>
        <div class="detail"> {$content} </div>
      </div>
      <div class="down">
          <img src="{IMG_PATH}huagongzi/service.jpg" width="756"   height="227">
      </div>
    </div>
</div>
{template "content","footer"}
```

8.2.5 制作给我留言单网页模板

8.2.5 制作给我留言单网页模板

1. 重命名给我留言单网页

进入“phpcms/templates/huagongzi/content/”目录，将 Web 页面文件“guestbook.html”重命名为“page_guestbook.html”。

2. 设置给我留言单网页模板

步骤 1： 进入 PHPCMS 系统后台。

步骤 2： 选择“内容”选项卡，然后在左侧列表中选择“内容相关设置”下的“管理栏目”选项，并单击“给我留言”右侧的“修改”链接，如图 8-43 所示。

图 8-43

步骤 3： 在给我留言栏目的配置界面上选择“模板设置”选项卡，在“可用风格”下拉列表中选择“花公子网站”风格，在“单网页模板”下拉列表中选择“page_guestbook.html”模板，操作完成后单击“提交”按钮，如图 8-44 所示。

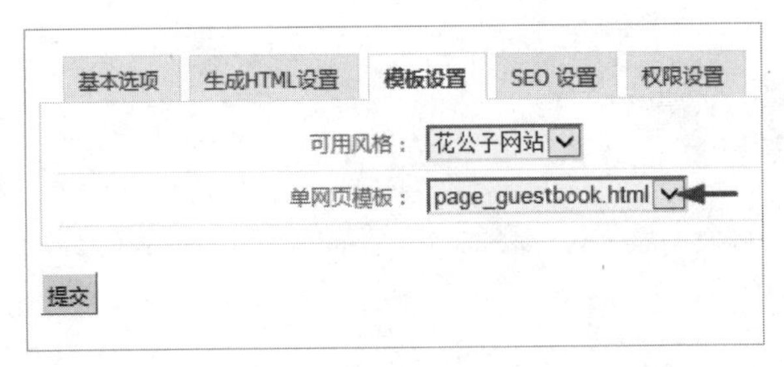

图 8-44

步骤 4：在弹出的操作成功的提示界面中单击“更新栏目缓存”按钮，此时，给我留言单网页模板设置完成。

3. 引入模板头部、尾部、产品类别版位、联系我们信息版位和页内导航版位文件

步骤 1：使用代码编辑工具（如 Sublime Text、PhpStorm、Dreamweaver 等）打开文件“page_guestbook.html”。

步骤 2：分析页面头部、尾部、产品类别版位、联系我们信息版位和页内导航版位。

通过分析给我留言页可知，该页面的头部、尾部、产品类别版位、联系我们信息版位和页内导航版位与产品中心栏目首页对应的版位是一致的。

步骤 3：引入页面头部、尾部、产品类别版位、联系我们信息版位和页内导航版位模板文件。

（1）删除页面头部代码（第 1 行至 banner 版位结束的代码），并通过标签“{template "content","header"}”引入头部模板文件（header.html）。

（2）删除页面尾部代码（友情链接版位第 1 行代码至最后 1 行代码），并通过标签“{template "content","footer"}”引入尾部模板文件（footer.html）。

（3）删除产品类别版位代码，并通过标签“{template "content","sidebar_productclass"}”引入产品类别版位的模板文件（sidebar_productclass.html）。

（4）删除联系我们信息版位代码，并通过标签“{template "content","sidebar_contact"}”引入联系我们信息版位的模板文件（sidebar_contact.html）。

（5）删除页内导航版位代码，并通过标签“{template "content","subnav"}”引入页内导航版位的模板文件（subnav.html）。

步骤 4：浏览效果。

刷新网站前台给我留言页，我们会发现，页面头部、尾部、产品类别版位、联系我们信息版位和页内导航版位均已正常显示。

4. 图片文件路径模板化

按照在首页模板中制作“图片文件路径模板化”的方法，对给我留言页的图片文件路径进行模板化。

5. 编辑留言信息版位模板化

步骤 1：分析编辑留言信息版位的代码。

```
<!--编辑留言信息版位-->
<div class="message">
```

```
    <form name="form1" id="form1" action="" method="post">
      <ul>
        <li class="title"><span class="must">*</span>标题：</li>
        <li>
          <input name="title" type="text" id="title">
        </li>
      </ul>
      <ul>
        <li class="title"><span class="must">*</span>称呼：</li>
        <li>
          <input name="name" type="text" id="name">
        </li>
      </ul>
      <ul>
        <li class="title">手机号码：</li>
        <li>
          <input name="tel" type="text" id="tel">
        </li>
      </ul>
      <ul>
        <li class="title">QQ：</li>
        <li>
          <input name="qq" type="text" id="qq">
        </li>
      </ul>
      <ul>
        <li class="title"><span class="must">*</span>电子邮箱：</li>
        <li>
          <input name="email" type="text" id="email">
        </li>
      </ul>
      <ul class="ct">
        <li class="title"><span class="must">*</span>留言内容：</li>
        <li>
          <textarea name="content" cols="70" rows="5" id="content"></textarea>
        </li>
      </ul>
      <div>
        <input type="submit" name="dosubmit" id="dosubmit" value="">
      </div>
    </form>
</div>
```

通过分析上述编辑留言信息版位的代码可知，该版位需实现的功能为：将访问者的留言信息写入系统，并通过系统后台对访问者的留言信息进行管理。实现此功能的方法主要有两种：一是从互联网上下载并安装 PHPCMS V9 给我留言插件，实现留言及管理功能；二是利用 PHPCMS V9 的表单向导功能来实现留言功能。本章将采用表单向导功能来实现留言功能。

步骤 2：创建表单向导。

（1）进入“phpcms/templates/default/”目录，将文件夹“formguide”复制到“phpcms/templates/huagongzi/”目录下。

（2）登录 PHPCMS 系统后台，选择“模块”选项卡，然后选择左侧列表中的“表单向导”选项。

（3）在右侧表单向导界面上单击“添加表单向导”按钮，在弹出的“添加表单向导”界面中编辑表单相关信息，如图 8-45 所示，然后单击“确定”按钮，此时会进入表单向导列表界面，如图 8-46 所示。

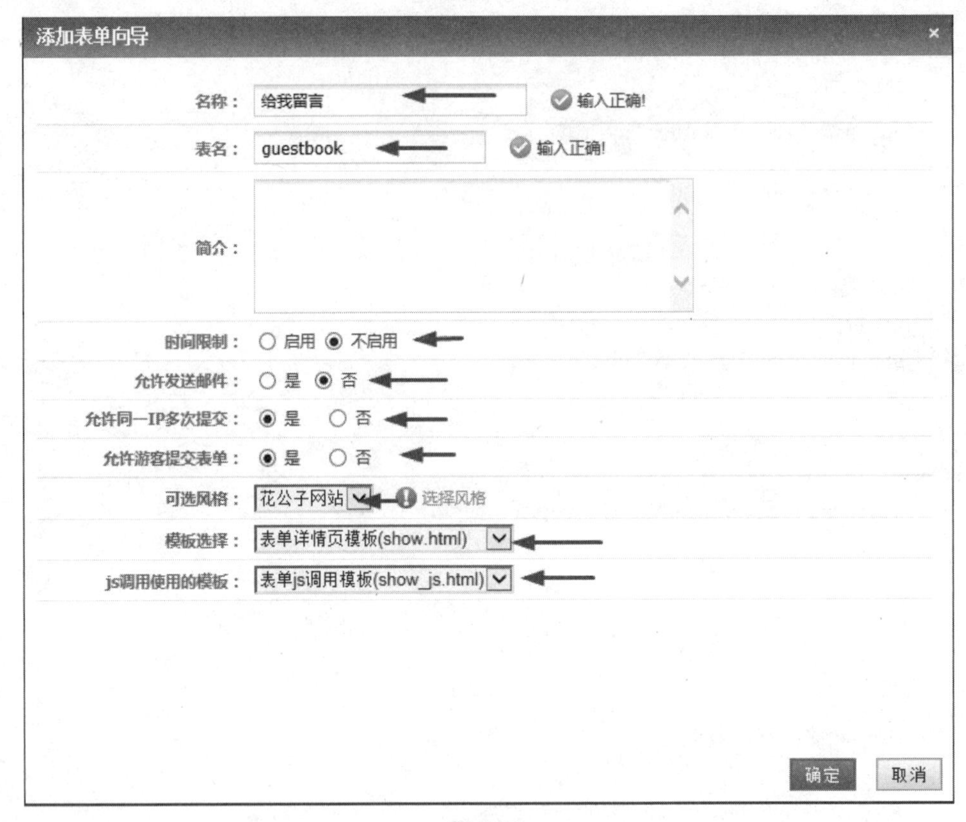

图 8-45

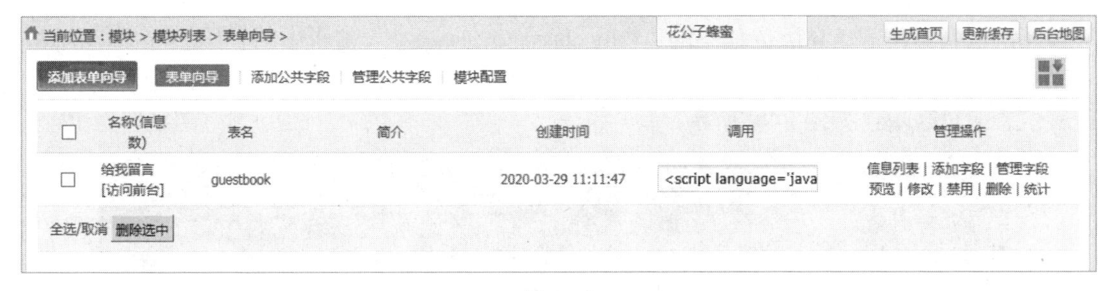

图 8-46

（4）单击“管理操作”中的“添加字段”链接即可添加字段，根据表 8-2 中的信息添加留言信息项字段，添加完成后的字段列表如图 8-47 所示，此时，用户可对已添加的字段进行修改及删除操作，还可禁用某字段。

表 8-2

字 段 类 型	字 段 名 称	别　　名	字符长度取值范围	说　　明
单行文本	title	标题	最小值：1 最大值：空	
单行文本	name	称呼	最小值：1 最大值：空	
单行文本	tel	手机号码	最小值：空 最大值：空	
单行文本	qq_num	QQ	最小值：空 最大值：空	
单行文本	email	电子邮箱	最小值：1 最大值：空	可使用 E-mail 正则表达式
多行文件	content	留言内容	最小值：1 最大值：空	

表单向导--给我留言管理字段

添加字段　表单向导字段管理　|　预览

排序	字段类型	别名	类型	系统	必填	搜索	排序	投稿	管理操作
0	title	标题	text	×	√	×	×	×	修改 | 禁用 | 删除
0	name	称呼	text	×	√	×	×	×	修改 | 禁用 | 删除
0	tel	手机号码	text	×	×	×	×	×	修改 | 禁用 | 删除
0	qq_num	QQ	text	×	×	×	×	×	修改 | 禁用 | 删除
0	email	电子邮箱	text	×	√	×	×	×	修改 | 禁用 | 删除
0	content	留言内容	textarea	×	√	×	×	×	修改 | 禁用 | 删除

排序

图 8-47

（5）调用表单。在表单向导列表中，复制 JavaScript 代码。

（6）把编辑留言信息版位代码的“<div class="message">”盒子中的代码删除后，粘贴刚才复制的 JavaScript 代码，如图 8-48 所示。此时刷新网站前台的给我留言页，会看到相应的留言信息编辑表单，如图 8-49 所示。

```
<!--编辑留言信息版位-->
<div class="message">
    <script language='javascript' src='{APP_PATH}index.php?m=formguide&c=index&a=show&
    formid=16&action=js&siteid=1'></script>
</div>
```

图 8-48

您现在的位置：首页> 给我留言

表单向导

* 标题：

* 称呼：

*手机号码：

* QQ：

* 电子邮箱：

* 留言内容：

在线留言

提 交

图 8-49

我们会发现，此时的编辑留言信息版位所呈现的效果与原 Web 页面的效果不一致，因此，我们需要修改相关的页面模板文件。

步骤 3：修改编辑留言信息版位所调用的表单模板文件。

在给我留言单网页模板中，通过 JavaScript 代码调用前面所创建的表单向导，实现留言功能。通过分析可知，需要修改“phpcms/templates/huagongzi/ formguide/”目录下的模板文件“show_js.html”，修改完成后的代码如下。

```
<form method="post" action="{APP_PATH}index.php?m=formguide&c=index&a=show&formid={$formid}
&siteid=<?php echo $this->siteid;?>"{if $no_allowed} target="member_login"{/if} name="myform" id=
"myform">
{loop $forminfos_data $field $info}
  {if $info['formtype']=='omnipotent'}
    {loop $forminfos_data $_fm $_fm_value}
      {if $_fm_value['iscomnipotent']}
          {php $info['form'] = str_replace('{'.$_fm.'}',$_fm_value['form'],$info['form']);}
      {/if}
    {/loop}
  {/if}
  {if $info['formtype']=='textarea'}<ul class="ct"> {else}<ul>{/if}
    <li class="title">{if $info['star']}<span class="must">*</span>{/if} {$info['name']}： </li>
    <li>{$info['form']} {$info['tips']}</li>
```

```
    </ul>
{/loop}
    <div>
        <input type="submit" name="dosubmit" id="dosubmit" value="" style="background: url({IMG_PATH}huagongzi/submit.png) center center no-repeat;width:87px;height:33px;border:none;">
    </div>
</form>
```

8.2.6 制作联系我们单网页模板

8.2.6 制作联系我们单网页模板

联系我们栏目由单网页构成，下面将按照“自上而下、边写标签代码边浏览”的顺序一步步地制作联系我们单网页模板。

1. 重命名联系我们单网页

进入“phpcms/templates/huagongzi/content/”目录，将 Web 页面文件“contact.html”重命名为“page_contact.html”。

2. 设置联系我们单网页模板

步骤 1：进入 PHPCMS 系统后台。

步骤 2：选择“内容”选项卡，然后在左侧列表中选择“内容相关设置”下的“管理栏目”选项，并单击“联系我们”右侧的“修改”链接，如图 8-50 所示。

图 8-50

步骤 3：在联系我们栏目的配置界面上选择“模板设置”选项卡，在“可用风格”下拉列表中选择“默认模板”风格，在“单网页模板”下拉列表中选择“page_contact.html”模板，操作完成后单击“提交”按钮，如图 8-51 所示。

图 8-51

步骤 4：在弹出的操作成功的提示界面中单击“更新栏目缓存”按钮，此时，联系我们单网页模板设置完成。

3. 引入模板头部、尾部、产品类别版位、联系我们信息版位和页内导航版位文件

步骤 1：使用代码编辑工具（如 Sublime Text、PhpStorm、Dreamweaver 等）打开文件“page_contact.html”。

步骤 2：分析页面头部、尾部、产品类别版位、联系我们信息版位和页内导航版位。

通过分析联系我们页可知，该页面的头部、尾部、产品类别版位、联系我们信息版位和页内导航版位与产品中心栏目首页对应的版位是一致的。

步骤 3：引入页面头部、尾部、产品类别版位、联系我们信息版位和页内导航版位模板文件。

（1）删除页面头部代码（第 1 行至 banner 版位结束的代码），并通过标签“{template "content","header"}”引入头部模板文件（header.html）。

（2）删除页面尾部代码（友情链接版位第 1 行代码至最后 1 行代码），并通过标签“{template "content","footer"}”引入尾部模板文件（footer.html）。

（3）删除产品类别版位代码，并通过标签“{template "content","sidebar_productclass"}”引入产品类别版位的模板文件（sidebar_productclass.html）。

（4）删除联系我们信息版位代码，并通过标签“{template "content","sidebar_contact"}”引入联系我们信息版位的模板文件（sidebar_contact.html）。

（5）删除页内导航版位代码，并通过标签“{template "content","subnav"}”引入页内导航版位的模板文件（subnav.html）。

步骤 4：浏览效果。

刷新网站前台联系我们页，我们会发现，页面头部、尾部、产品类别版位、联系我们信息版位和页内导航版位均已正常显示。

4. 图片文件路径模板化

按照在首页模板中制作“图片文件路径模板化”的方法，对联系我们页的图片文件路径进行模板化。

5. 联系我们内容版位模板化

步骤 1：分析联系我们内容版位的代码。

```
<!--联系我们内容版位-->
```

```
<div class="content"> 主办单位：花公子蜂业科技有限公司<br />
  地址：广东省惠州市惠城区<br />
  服务热线：400-××××××××<br />
  网址：www.×××.com<br />
  电子邮箱：huagongzi@163.com<br />
  QQ：123456789<br />
  微信：xiaomifengwx
</div>
```

通过分析上述联系我们内容版位的代码可知，网站管理员进入后台后，能够编辑该版位的联系信息。

步骤 2：编写输出联系我们内容版位的标签代码。

使用以下标签代码替换联系我们内容版位代码“<div class="content">”盒子中的内容。

```
{$content}
```

步骤 3：浏览效果。

刷新网站前台联系我们页，我们会看到，该页面的联系我们内容版位已正常输出联系我们相关信息。

至此，联系我们单网页模板已制作完成，该模板页（page_contact.html）的完整代码如下。

```
{template "content","header"}
<!--“联系我们”主体版位 main-contact-->
<div class="main-contact">
    <div class="left">
        <!--产品类别版位-->
        {template "content","sidebar_productclass"}
        <!--联系我们信息版位-->
        {template "content","sidebar_contact"}
    </div>
    <div class="right">
        {template "content","subnav"}
        <div class="contact_banner">
            <img src="{IMG_PATH}huagongzi/contact.jpg">
        </div>
        <!--联系我们内容版位-->
        <div class="content">
            {$content}
        </div>
    </div>
</div>
{template "content","footer"}
```

8.3 经验分享

（1）碎片的应用基本能够解决网站碎片化信息管理的问题，万能标签 get 可用于解决某些特殊的查询问题。

（2）表单向导功能主要用于收集数据，通常用来实现在线问答、给我留言、在线报名等功能，若要对表单页面进行美化，则读者需要研究表单向导的模板页面的制作方法。

（3）理解、熟悉常用标签的应用方法，能够快速提升模板制作的效率。

8.4 技能训练

根据智网电子贸易有限公司门户网站的 Web 页面制作相应的网站模板。

任务 9　分配企业网站管理权限

知识目标

- 了解 PHPCMS 权限管理机制并熟悉角色管理相关操作。
- 理解角色与权限管理的关系。
- 熟悉管理员管理相关操作。

技能目标

- 能够根据需求添加管理员角色并设置相关的权限。
- 能够根据需求管理及维护管理员信息。

任务概述

- 任务内容：根据花公子蜂业科技有限公司的需求添加其门户网站的管理员角色，并为其设置相应的操作权限；在 PHPCMS 系统后台添加花公子蜂业科技有限公司门户网站的管理员用户。
- 参与人员：网站程序员。

9.1　知识准备

9.1.1　角色管理

PHPCMS 采用 RBAC（Role-Based Access Control，基于角色的访问控制）模型来实现系统的权限管理。通过对用户赋予某个角色来控制用户的权限，实现了用户和权限的逻辑分离（区别于 ACL 模型），网站管理团队可以根据具体需求来创建角色，并赋予不同角色不同的操作权限，这将极大地提高网站管理效率。

PHPCMS 安装完成后，自带了如图 9-1 所示的角色。从图 9-1 中可知，角色管理模块包括“添加角色”和“角色管理”相关操作，其中，“角色管理”又包括权限设置、栏目权限、成员管理、修改、删除操作。下面对相关的操作进行简要说明。

图 9-1

（1）添加角色：主要用于添加用户的角色，包括角色名称、角色描述、是否启用、排序信息项，如图 9-2 所示。

图 9-2

（2）权限设置：主要用于设置角色的操作权限，即设置用户可以操作的信息项。例如，设置发布人员具有添加内容、修改内容和删除内容的权限，如图 9-3 所示。读者需要注意，用户登录系统后，是看不到没有相应权限的信息项的。

图 9-3

（3）栏目权限：主要用于设置角色可以操作的栏目，它和权限设置的原理相似，如果一个栏目未选中，就意味着该角色没有操作这个栏目的权限，当然，操作行为又分为查看、增加、删除、修改等，读者可以根据实际情况为角色分配相应的操作权限和行为，这里不再赘述。

（4）成员管理：主要用于管理角色下的成员。

（5）修改：主要用于修改角色的基本信息。

（6）删除：主要用于删除角色。

9.1.2 管理员管理

PHPCMS 系统提供了管理员管理模块，系统安装完成后，默认具有超级管理员用户权限，该用户不能被删除，但可以修改其相关信息。通过该模块，可以实现添加、修改、删除管理员用户的操作。在添加管理员用户时，需注意管理员用户所属的角色，因为不同角色用户具有不同的操作权限，如图 9-4 所示。

管理员管理 | 添加管理员

用户名 请输入用户名

密码 请输入密码

确认密码 请输入确认密码

E-mail 请输入E-mail

真实姓名

所属角色 超级管理员 站点管理员 运营总监 总编 编辑 发布人员

提交

图 9-4

9.2 任务实施

1. 确定管理员的角色及权限

通过与花公子蜂业科技有限公司相关人员的沟通，确定了管理员的角色及权限，如表 9-1 所示。

表 9-1

角　　色	权 限 设 置	栏 目 权 限
信息发布员	内容发布管理（内容管理、附件管理、碎片管理）； 发布管理（批量更新内容页、批量更新 URL、批量更新栏目页、生成首页）； 个人信息（修改密码、修改个人信息）； 我的面板（生成操作）	关于花公子、新闻动态（含子栏目）、产品中心（含子栏目）、给我留言、联系我们栏目的查看、添加、修改、删除、排序、推送、移动权限
站点管理员	设置［发布点管理（基本设置、邮箱配置、配置保存）］； 模块列表（友情链接、表单向导）； 表单向导（信息列表、表单统计、模块配置）； 内容（内容发布管理、发布管理）； 我的面板（个人信息、生成操作）	关于花公子、新闻动态（含子栏目）、产品中心（含子栏目）、给我留言、联系我们栏目的查看、添加、修改、删除、排序、推送、移动权限
超级管理员	所有权限	所有栏目的所有权限

2. 添加角色

根据表 9-1 添加花公子蜂业科技有限公司门户网站管理员的角色，具体的操作步骤请读者扫描二维码进行观看。

9.2.1 添加角色

3. 添加管理员用户

根据花公子蜂业科技有限公司的要求，分别添加具有信息发布员、站点管理员和超级管理员角色的管理员用户，具体操作请读者扫描二维码进行观看。

9.2.2 添加管理员

添加完成相关的管理员用户后，以信息发布员角色登录 PHPCMS 系统后台的主界面，如图 9-5 所示，以站点管理员角色登录 PHPCMS 系统后台的主界面，如图 9-6 所示。

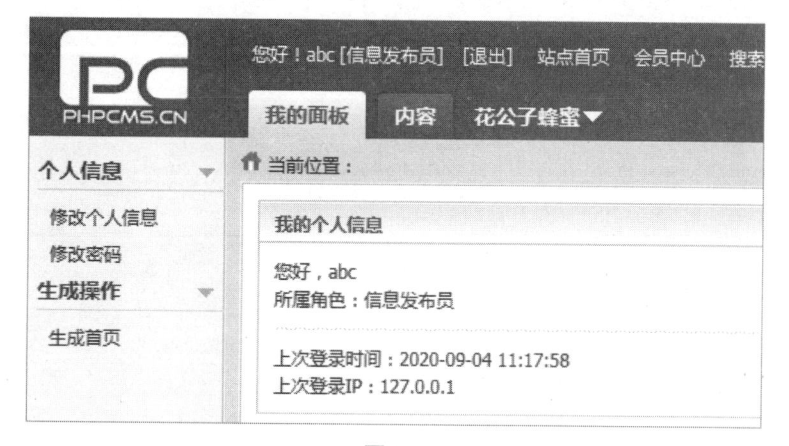

图 9-5

图 9-6

9.3 经验分享

PHPCMS 具有相对完善的权限管理功能，在设置权限时，操作者应尽量屏蔽非用户权限内的操作及界面。

9.4 技能训练

（1）根据智网电子贸易有限公司的需求添加其门户网站的管理员角色并设置操作权限。

（2）在 PHPCMS 系统后台添加花公子蜂业科技有限公司门户网站的管理员用户。

任务 10　测试及发布企业网站

知识目标

- 了解网站测试的内容。
- 掌握域名相关知识。
- 掌握虚拟主机相关知识。
- 了解网站备案方式、备案注意事项和备案所需准备的材料，熟悉 ICP 报备流程。

技能目标

- 能够使用测试相关知识对网站进行测试。
- 能够根据项目需求购买虚拟主机并对其进行相关设置。
- 能够注册域名并做好域名解析工作。
- 能够正常发布企业网站。

任务概述

- 任务内容：根据花公子蜂业科技有限公司门户网站功能说明书对网站进行测试。测试通过后，注册域名和购买虚拟主机，并发布花公子蜂业科技有限公司门户网站。
- 参与人员：网站程序员。

10.1　知识准备

10.1.1　测试企业网站

网站测试是网站上线前的重要环节，通常，网站测试的内容主要包括流程测试、UI 测试、链接测试、搜索测试、表单测试、输入域测试、分页测试、交互性数据测试、安全性测试和兼容性测试，下面对上述测试内容进行简要介绍。

1. 流程测试

网站的流程测试通常包括以下测试项。

- 使用 HTML Link Validator 查找网站中的错误链接。
- 网站中所有的页面标题（title）是否正确。
- 网站图片是否正确显示。
- 网站各级栏目的链接是否正确。
- 网站登录、注册的功能是否实现。
- 网站的文章标题、图片、友情链接等链接地址是否正确。
- 网站分页功能是否实现。
- 网站的内容是否存在乱码，样式是否统一。
- 站内搜索功能是否实现。
- 前后台交互的部分，数据传递是否正确。
- 网站按钮是否对应实际的操作。

2. UI 测试

网站的 UI 测试的测试项非常多，以下只罗列了部分内容。

- 各个页面的样式风格、大小是否统一。
- 各个页面的标题（title）是否正确。
- 网站的内容有无错别字或乱码，同一级别内容的字体、大小、颜色是否统一。
- 提示、警告或错误说明是否清楚易懂，用词是否准确。
- 弹窗风格、内容等是否得当。
- 按钮大小、风格是否统一。
- 页面的颜色搭配是否合理。
- 页面的信息或图片滚动效果是否得体和易控制。
- 页面图片在不同的浏览器、分辨率下是否能正确显示（包括位置、大小）。

3. 链接测试

网站的链接测试通常包括以下测试项。

- 页面是否有需添加链接的但没实现的内容或图片。
- 网站中是否有死链接。
- 单击链接是否可进入相应的页面或实现相应的功能操作。
- 文章信息类内容通常以新窗口方式打开。
- 顶部、底部导航通常以在本页方式打开。

4. 搜索测试

网站的搜索测试通常包括以下测试项。

- “搜索”按钮功能是否实现。
- 搜索网站中存在的信息，能否正确搜索出结果。
- 输入特殊字符，是否有报错功能。
- 搜索结果页面是否与其他页面风格一致。
- 在搜索输入域中输入空格执行搜索操作，是否会报错。

- 在本站内的搜索输入域中不输入任何内容，搜索出的是否是全部信息或者是否给予提示信息。
- 将焦点放置在搜索输入域中，搜索输入域中的内容是否被清空。
- 搜索输入域是否实现了 Enter 键监听事件。

5. 表单测试

网站的表单测试通常包括以下测试项。

- 注册、登录功能是否实现。
- “提交”“重置”按钮功能是否实现。
- 提交表单时是否对数据进行可用性验证。
- 提交的数据是否能被正确写入数据库中。
- 提交表单以执行写入、修改、删除等操作时是否有提示信息。
- 提示、警告或错误说明信息是否清楚、明了、恰当。
- 浏览器进行前进、后退、刷新等页面操作时是否会造成页面报错。

6. 输入域测试

网站的输入域测试通常包括以下测试项。

- 对于手机号码、电子邮箱、证件号等输入内容是否有长度、类型等的控制。
- 输入特殊字符是否会报错。
- 是否有对必填项进行控制，是否有相应的提示信息。
- 输入非数据表中规定的数据类型的字符时，是否有友好提示信息。
- 对于非法的操作是否有警告信息。

7. 分页测试

网站的分页测试通常包括以下测试项。

- 分页标签样式是否一致。
- 分页的总页数及当前页数显示是否正确。
- 分页导航是否正常，单击控制标签是否能够正确跳转到指定的页数。

8. 交互性数据测试

网站的交互性数据测试通常包括以下测试项。

- 前台的数据操作是否对后台产生相应正确的影响。
- 前后台数据交互是否实现。
- 前后后数据传递是否正确。
- 前后台数据传递是否有丢失。
- 多用户交流时，对用户信息的控制是否严谨。
- 用户的权限是否随着授权而变化。

9. 安全性测试

网站的安全性测试通常包括以下测试项。

- 网站后台是否有访问用户的合法性验证。

- 网站是否有超时限制。
- 当使用了安全套接字后，加密是否正确，数据是否完整。
- 网站是否有非法字符过滤功能。
- 网站是否有防注入功能。

10. 兼容性测试

浏览器兼容性问题又被称为网页兼容性或网站兼容性问题，它是指网页在各种浏览器上的显示效果可能不一致而产生的浏览器和网页间的兼容问题。网站的兼容性测试常见的测试项如下。

- 页面布局是否兼容。
- 页面版位的位置是否兼容。
- 页面版位的尺寸是否兼容。
- 页面字体、图片等页面元素是否兼容。
- 页面的编码是否兼容。
- 网站功能操作是否兼容。

10.1.2 域名

1. 域名定义

域名是由一串用点分隔的名字组成的 Internet 上某一台计算机或计算机组的名称，用于在数据传输时标识计算机的电子方位（有时也指地理位置，地理上的域名，指代有行政自主权的一个地区）。域名是一个 IP 地址的“面具”，它是一组为了便于记忆和沟通的服务器的地址。

Internet 域名是 Internet 上的一台服务器或一个网络系统的名称，在全球范围内没有重复的域名，它的形式是以若干个英文字母和数字组成，并由“.”分隔成几部分，如 hzcollege.com。域名已成为 Internet 文化的组成部分，它已被誉为“企业的网上商标”，没有一家企业不重视自己产品的标识——商标，而域名的重要性及其价值，也已经被全世界的企业认识。

通俗地说，域名就相当于一个家庭的门牌号码，别人通过这个号码可以很容易地找到该家庭。

2. 域名解析

域名解析是把域名指向网站空间 IP 地址，让人们通过注册的域名可以方便地访问到网站的一种服务。IP 地址是网络上标识站点的数字地址，人们为了方便记忆，采用域名代替 IP 地址来标识站点。域名解析就是域名到 IP 地址的转换过程。域名解析工作由 DNS 服务器完成。

3. 域名解析类型

在进行域名解析之前，首先要熟悉域名解析类型及其含义，下面介绍常见的域名解析类型。

（1）A 记录。

A 记录又被称为 IP 指向，用户可以在此设置子域名并指向自己的目标主机地址，从而实现通过域名找到服务器进而找到相应网页的功能。

【说明】指向的目标主机地址只能使用 IP 地址。

（2）CNAME 记录。

CNAME 记录通常被称为别名指向，别名是为一个主机设置的名称，相当于用子域名来代替 IP 地址，其优点是如果 IP 地址发生变化，只需要改动子域名的解析，而不需要逐一改变 IP 地址的解析。

【说明】

- CNAME 记录的目标主机地址只能使用主机名，而不能使用 IP 地址。
- 主机名前不能有任何其他前缀，如 http://等是不被允许的。
- A 记录优先于 CNAME 记录，即如果一个主机地址同时存在 A 记录和 CNAME 记录，则 CNAME 记录不生效。

（3）MX 记录。

MX 记录又被称为邮件交换记录。它指向一台邮件服务器，在电子邮件系统发送邮件时，根据收信人的地址后缀来定位邮件服务器。例如，用户所用的邮件是以域名 mydomain.com 结尾的，则需要在管理界面中添加该域名的 MX 记录来处理所有以@mydomain.com 结尾的邮件。

【说明】

- MX 记录的目标主机地址可以使用主机名或 IP 地址。
- MX 记录可以通过设置优先级实现主辅服务器设置，“优先级”中的数字越小表示级别越高，也可以设置为相同优先级以达到负载均衡的目的。

（4）NS 记录。

NS（Name Server）记录是域名服务器记录，用来表明由哪台服务器对域名进行解析。在注册域名时，总有默认的 DNS 服务器，每个注册的域名都是由一台 DNS 服务器来进行解析的，DNS 服务器的 NS 记录地址形式如下。

- ns1.domain.com。
- ns2.domain.com。

【说明】

- “IP 地址/主机名”中既可以填写 IP 地址，也可以填写像 ns.mydomain.com 这样的主机地址，但必须保证该主机地址有效。例如，将 news.mydomain.com 的 NS 记录指向 ns.mydomain.com，在设置 NS 记录的同时需要设置 ns.mydomain.com 的指向，否则 NS 记录将无法正常解析。
- NS 记录优先于 A 记录，即如果一个主机地址同时存在 NS 记录和 A 记录，则 A 记录不生效，这里的 NS 记录只对子域名生效。

10.1.3 虚拟主机

1. 什么是虚拟主机

虚拟主机俗称“网站空间”，即将一台运行在互联网上的“物理”服务器划分成多台“虚拟”服务器。其是互联网服务器采用的节省服务器硬件成本的技术，虚拟主机技术主要应用于 HTTP（Hypertext Transfer Protocol，超文本传输协议）服务，将一台服务器的某项或者全部服务内容逻辑划分为多个服务单元，对外表现为多台服务器，从而充分利用服务器硬件资源。

虚拟主机是指使用特殊的软、硬件技术，将一台真实的物理主机分割成多个逻辑存储单元。每个逻辑存储单元都没有物理实体，但是每个逻辑存储单元都能像真实的物理主机一样在网络上工作，具有单独的 IP 地址（或共享的 IP 地址）、独立的域名及完整的 Internet 服务器（支持 WWW、FTP、E-mail 等）。

虚拟主机的关键技术在于，即使在同一个硬件环境、同一个操作系统上，运行着为多个用户打开的不同的服务器程序，也互不干扰，而各个用户拥有自己的一部分系统资源（IP 地址、文档存储空间、内存、CPU 等）。各台虚拟主机之间完全独立，在外界看来，每一台虚拟主机和一台单独的物理主机的表现完全相同。所以这种被虚拟化的逻辑主机被形象地称为"虚拟主机"。

2. 选择虚拟主机的注意事项

在选择虚拟主机时，读者可以从以下几个方面去衡量虚拟主机的质量。

- 稳定性和运行速度。
- 均衡负载。
- 提供在线管理功能。
- 数据安全。
- 完善的售后和技术支持。
- IIS 限制数量。
- 月流量。

3. 虚拟主机的分类

虚拟主机的分类如下。

- 根据建站程序划分，可以分为 ASP 虚拟主机、.NET 虚拟主机、JSP 虚拟主机、PHP 虚拟主机等。
- 根据连接线路划分，可以分为单线虚拟主机、双线虚拟主机、多线 BGP 虚拟主机和集群虚拟主机。
- 根据位置分布划分，可以分为国内虚拟主机和国外虚拟主机。
- 根据操作系统划分，可以分为 Windows 虚拟主机和 Linux 虚拟主机。

10.1.4 网站备案

1. 概述

网站备案是指网站所有者根据国家法律法规向国家有关部门申请的备案，主要有 ICP 备案和公安局备案。非经营性网站备案指中国境内信息服务互联网站所需进行的备案登记作业。2005 年 2 月 8 日，信息产业部签发《非经营性互联网信息服务备案管理办法》，并于 3 月 20 日正式实施。该办法要求从事非经营性互联网信息服务的网站进行备案登记，否则将予以关站、罚款等处理。为配合该办法的实施，信息产业部（现为工业和信息化部）建立了统一的备案工作网站，接受符合办法规定的网站负责人的备案登记。

2. 概念辨析

网站备案是域名备案还是空间备案？

域名如果指向国内网站空间就要备案。也就是说，如果该域名只是纯粹注册下来，用作投资或者暂时不用，是无须备案的。域名指向国外网站空间，也是无须备案的。

2013年10月30日，所有新注册的.cn/.中国/.公司/.网络域名，将不再设置“ClientHold”暂停解析状态，对已设置展示页的域名发布交易、PUSH过户、域名信息变更、取消展示页、修改DNS解析等操作，域名将不再加上“ClientHold”暂停解析状态，但解除“ClientHold”暂停解析状态的域名，仍需备案通过才可以进行解析。

3. 网站备案、ICP备案和域名备案的区别

网站备案就是ICP备案，两者是没有本质区别的，即为网站申请ICP备案号，最终的目的就是给网站域名备案的。而网站备案和域名备案本质上也没有区别，都需要给网站申请ICP备案号。网站备案是基于空间IP地址的，域名要访问空间必须能够解析一个IP地址。网站备案指的就是空间备案，域名备案就是对能够解析这个空间的所有域名进行备案。

4. 服务分类

互联网信息服务可分为经营性信息服务和非经营性信息服务两类。

经营性信息服务是指通过互联网向上网用户有偿提供信息或者网页制作等的服务活动。凡从事经营性信息服务业务的企事业单位应当向省（自治区、直辖市）通信管理局或者国务院信息产业主管部门申请办理互联网信息服务增值电信业务经营许可证。申请人取得经营许可证后，应当持经营许可证在企业登记机关办理登记手续。

非经营性信息服务是指通过互联网向上网用户无偿提供具有公开性、共享性信息的服务活动。凡从事非经营性信息服务业务的企事业单位，应当向省（自治区、直辖市）通信管理局或者国务院信息产业主管部门申请办理备案手续。非经营性信息服务提供者不得从事有偿服务。在跨省份备案的时候，资料的快递费是由备案人负责的。

5. 网站备案

（1）备案方式。

公安局备案一般按照各地公安机关指定的地点和方式进行。对于ICP备案，网站主办者可以自主通过官方备案网站在线备案或者通过当地电信部门进行备案。

非经营性网站自主备案是不收取任何手续费的。

（2）注意事项。

- 通信地址要详细，通过该地址能够找到该网站主办者（若无具体门牌号，请在备案信息中备注说明“该地址已为最详，能通过该地址找到网站主办者”）。
- 证件地址要详细，按照网站主办者证件上的注册地址填写（若无具体门牌号，请在备案信息中备注说明“该地址按照证件上的注册地址填写，已为最详”）。
- 网络购物、WAP、即时通信、网络广告、搜索引擎、网络游戏、电子邮箱、有偿信息、短信/彩信服务为经营性质，网站主办者需在当地通信管理局办理增值电信业务经营许可证后报备以上网站，非经营性主办者请勿随意报备。
- 综合门户为企业性质的，请网站主办者以企业名义报备。个人只能报备个人性质的网站。

- 博客、BBS等电子公告，通信管理局没有得到上级主管部门明确文件，暂不受理，请勿随意选择以上服务内容。
- 网站名称：不能为域名、英文、姓名、数字、三个字以下。
- 网站主办者为个人的，不能开办以“国字号”、“行政区域规划地理名称”和“省会”命名的网站，如“中国××网”、“惠州××网”或“广东××网”。
- 网站主办者为企业的，不能开办以“国字号”命名的网站，如“中国××网”，并且报备的公司名称不能超范围。
- 网站名称或内容若涉及新闻、文化、出版、教育、医疗保健、药品和医疗器械、影视节目等，请提供省级以上部门出示的互联网信息服务前置审批文件，通信管理局未看到前置审批批准文件前不会审核以上类型网站的备案申请。

（3）备案所需资料。

单位主办网站的主办者除了如实填报备案管理系统要求填写的各备案字段项内容，还应提供如下备案材料。

- 网站备案信息真实性核验单。
- 单位主体资质证件复印件（加盖公章），如工商营业执照、组织机构代码、社团法人证书复印件等。
- 单位网站负责人证件复印件，如身份证（首选证件）、户口簿、护照复印件等。
- 接入服务商现场采集的单位网站负责人照片。
- 网站从事新闻、出版、教育、医疗保健、药品和医疗器械、文化、广播电影电视节目等互联网信息服务的，应提供相关主管部门审核同意的文件复印件（加盖公章）；网站从事电子公告服务的，应提供专项许可文件复印件（加盖公章）。
- 单位主体负责人证件复印件，如身份证、户口簿、护照复印件等。
- 网站所使用的独立域名注册证书复印件（加盖公章）。

个人主办网站的主办者除了如实填报备案管理系统要求填写的各备案字段项内容，还应提供如下备案材料。

- 网站备案信息真实性核验单。
- 个人身份证件复印件，如身份证（首选证件）、户口簿、护照复印件等。
- 接入服务商现场采集的个人照片。
- 网站从事新闻、出版、教育、医疗保健、药品和医疗器械、文化、广播电影电视节目等互联网信息服务的，应提供相关主管部门审核同意的审批文件（加盖公章）；网站从事电子公告服务的，应提供专项许可的审批文件（加盖公章）。
- 网站所使用的独立域名注册证书复印件。

（4）ICP报备流程。

ICP报备流程如图10-1所示。

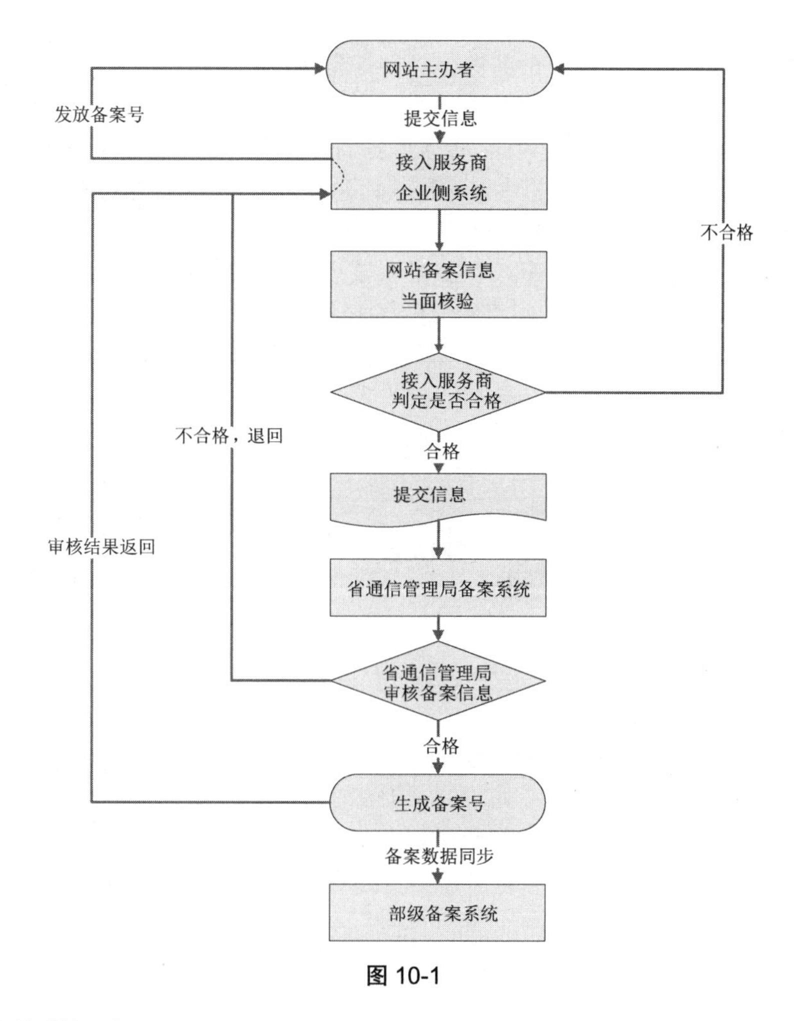

图 10-1

ICP 报备流程如下。

步骤 1：网站主办者登录接入服务商企业侧系统。

网站主办者进行网站备案时有三种方式。

方式一：网站主办者登录部级系统，通过主页面“自行备案导航”栏目获取为该网站提供接入服务的企业名单（只能选择一个接入服务商），并进入企业侧备案系统办理网站备案业务。

方式二：网站主办者登录住所所在地省通信管理局备案系统，通过主页面“自行备案导航”栏目获取为该网站提供接入服务的企业名单（只能选择一个接入服务商），并进入企业侧备案系统办理网站备案业务。

方式三：网站主办者直接登录到接入服务商企业侧系统（编者推荐使用此种方式）。

步骤 2：网站主办者登录到接入服务商企业侧系统自主报备信息或由接入服务商代为提交信息。

网站主办者登录到接入服务商企业侧系统，注册用户→填写备案信息→接入服务商校验所填信息，反馈网站主办者。

网站主办者委托接入服务商代为报备网站的全部备案信息并核实信息真伪→接入服务商核实备案信息→将备案信息提交到省通信管理局备案系统。

步骤 3：接入服务商核实备案信息。

接入服务商对网站主办者提交的备案信息进行当面核验，即当面采集网站负责人照片；依据网站主办者证件信息核验其提交至接入服务商企业侧系统的备案信息；填写《网站备案信息真实性核验单》。如果备案信息无误，接入服务商提交给省通信管理局备案系统进行审核；如果信息有误，接入服务商在备注栏中注明错误信息提示后退回网站主办者，让其进行修改。

步骤 4： 省通信管理局审核备案信息。

省通信管理局对备案信息进行审核，如果审核不通过，则退回接入服务商企业侧系统由接入服务商修改；如果审核通过，则将生成的备案号、备案密码（并发往网站主办者邮箱）和备案信息上传至部级备案系统，并同时下发到接入服务商企业侧系统，接入服务商将备案号告知网站主办者。

10.2 任务实施

10.2.1 测试网站

通过前后台整合，整个网站已基本设计开发出来，紧接着要对整个网站进行测试，如果测试没问题，则进入网站发布环节；如果测试中存在问题，则继续修改直至问题解决为止。

根据编者多年的网站设计与开发经验，本着实用性原则并依据网站建设行业常用测试方式，本节提供了测试结果文档模板供读者参考，如表 10-1 所示。具体的测试用例和测试情况不再详细列出。

表 10-1

花公子蜂业科技有限公司门户网站测试情况				
测 试 项 目	存在的问题及问题描述	测 试 结 果	测 试 人 员	测 试 日 期
流程测试				
UI 测试				
链接测试				
搜索测试				
表单测试				
输入域测试				
分页测试				
交互性数据测试				
安全性测试				
兼容性测试				

10.2.2 注册域名

读者在选择域名提供商时，编者建议在西部数码、易名中国、阿里云、新网、美橙互联等较有名的IDC提供商中选择，当然价格会比普通的IDC提供商要贵一点。以下以广州新一代数据中心（域名提供商）为例，介绍如何注册域名。

步骤1：进入广州新一代数据中心官方网站（http://www.gzidc.com/）。

步骤2：注册成为会员。

步骤3：使用在步骤2中注册的会员信息，登录广州新一代数据中心官方网站。

步骤4：单击导航上的“域名注册”导航项，并在域名文本框中输入域名，然后单击“查询”按钮，若域名未被注册，就可以使用该域名注册。下面以注册gudaochaxiang.com域名为例介绍具体操作步骤。

（1）输入要注册的域名，如图10-2所示。

图10-2

（2）单击“查询”按钮，此时返回查询结果，从查询结果中可知该域名未被注册，如图10-3所示。

域名注册 域名信息查询（WHOIS） 域名举报

域名	域名状态	价格信息	
gudaochaxiang.com	未注册	￥88.00元/1年	选择此域名
gudaochaxiang.cn	未注册	￥58.00元/1年	选择此域名
gudaochaxiang.net	未注册	￥88.00元/1年	选择此域名
gudaochaxiang.top	未注册	￥5.00元/1年	选择此域名

确定购买 返回

图10-3

（3）在域名为“gudaochaxiang.com”的右侧勾选“选择此域名”复选框，并单击“确定购买”按钮，如图10-4所示。

图 10-4

（4）在打开的页面中填写相关信息，包括注册人信息、管理人信息、技术人信息、付费人信息，填写完成后，选择“同意购买协议”选项，然后单击“加入购物车”按钮，该购买订单就产生了，接着进入付款环节，付款成功就意味着域名注册成功。进入会员中心，单击“我的产品”按钮，并单击“域名”按钮就可以看到注册的域名了，如图 10-5 所示。

编号 ≑	域名 ≑	产品	供应商	创建时间 ≑	到期时间 ≑	状态 ≑	所属订单	控制面板
722087	[illegible]	.com英文国际域名	商务中国	2020-01-04 23:48:33	2021-01-04 23:48:33	已开启	2496462	登录

图 10-5

（5）单击域名右侧的“登录”链接，进入“域名、DNS 控制面板”即可看到域名的基本信息，如图 10-6 所示。

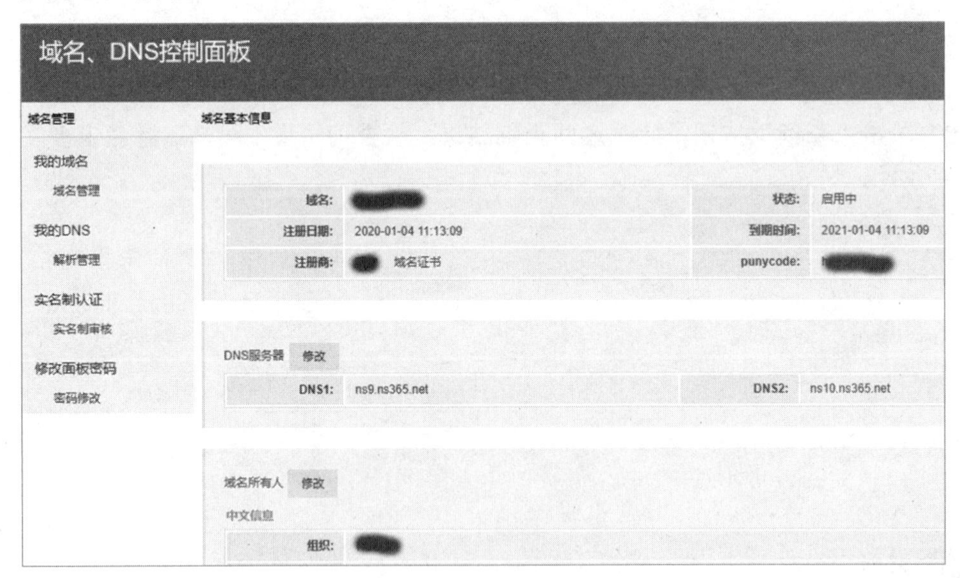

图 10-6

（6）单击“域名、DNS 控制面板”左侧的“解析管理”链接，进入域名解析页面，然后单击“添加记录”按钮，此时将会在“添加记录”按钮下方出现添加记录栏，如图 10-7 所示。

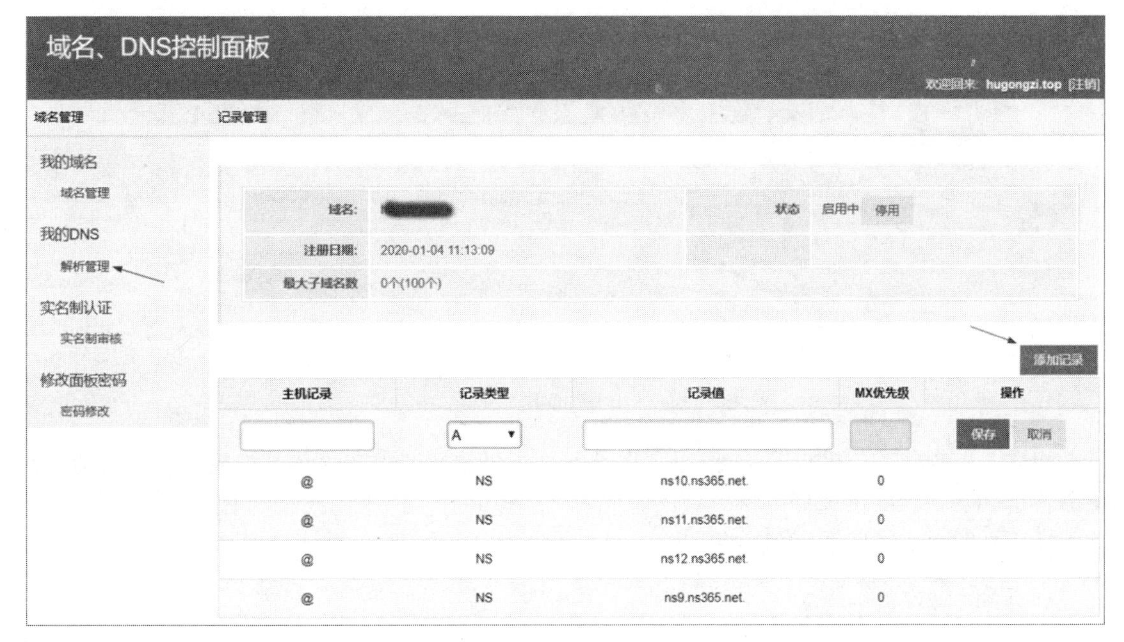

图 10-7

在图 10-7 中，主机记录填写“www”，记录类型选择“A”，记录值为用户购买虚拟主机的 IP 地址，MX 优先级可先不填，然后单击“保存”按钮就成功添加了一条 A 记录。该记录生效后，用户就可以在浏览器地址栏中输入 http://www.gudaochaxiang.com 访问网站了（注意：若还没有虚拟主机，本步骤可以先忽略，待购买了虚拟主机后，再进行域名解析）。继续添加一条 A 记录，使得在浏览器地址栏中输入 http://gudaochaxiang.com 也能访问网站，其操作与添加前一条 A 记录的操作基本一样，不同的是“主机记录”文本框留空即可。

至此，域名注册及域名解析操作已完成。

注意：不同的 IDC 提供商，其域名管理面板是不同的，操作的方法也不同，但是最终目的是一样，就是注册并购买域名，然后进行域名解析。

10.2.3 购买虚拟主机

读者在购买虚拟主机时，建议选择西部数码、易名中国、阿里云、新网、美橙互联、广州新一代数据中心等较有名的虚拟主机提供商的虚拟主机，以下以广州新一代数据中心为例介绍如何购买虚拟主机及注意事项。

登录广州新一代数据中心官方网站，并进入虚拟主机页面，下面介绍购买虚拟主机的过程，具体的操作步骤如下。

步骤 1：确定所购买的虚拟主机的类型。购买国内虚拟主机还是国外虚拟主机，要根据用户的情况来确定。国内虚拟主机只有网站通过备案后，绑定的域名才生效，国外虚拟主机开通后可以直接使用，不需要进行网站备案。下面选择基础型空间，然后选择飓风 2(S)，并选择电信线路，如图 10-8 所示。

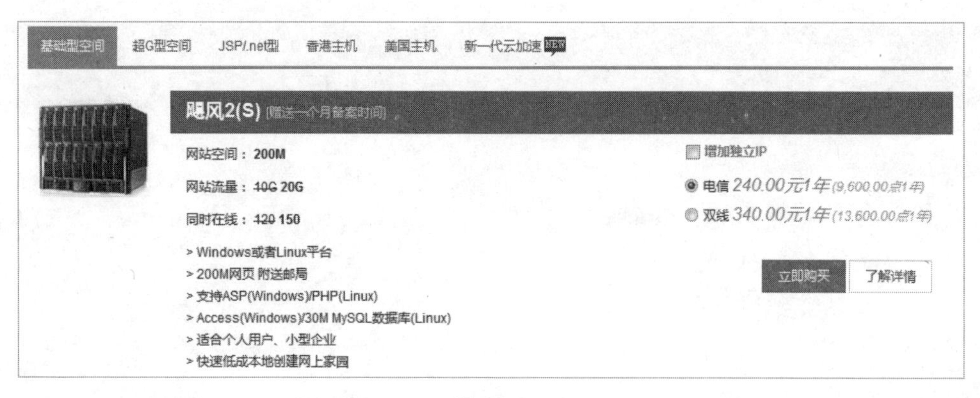

图 10-8

步骤 2：单击“立即购买” 按钮，将进入购买付款环节，在该环节中应注意，网站的开发语言是 PHP，因此在选择主机类型的时候，应选择 PHP 类型的主机，如图 10-9 所示，在付款成功后，即可成功购买虚拟主机。

图 10-9

步骤 3：进入会员中心，单击左侧的“我的产品”按钮，并单击“主机”按钮即可看到已购买的主机列表，如图 10-10 所示。

图 10-10

步骤 4：单击“登录”链接，进入“主机控制面板”，并单击左侧“网站基础环境配置”下的“主机域名绑定”链接，进入如图 10-11 所示的页面。

域名绑定

主机域名绑定是指将多个域名绑定到一个主机上，绑定后域名需解析生效后才能正常访问。解析状态可能滞后，仅供参考。

您的已绑定域名中包含"-unauthorised"后缀字符串，不能访问网站。您现在可以：

- 如果域名备案不成功，请立即备案，如果需要帮助请查看备案专题；
- 如果域名备案成功，系统将自动去掉"-unauthorised"字符串，如未及时去掉，请添加一个未带"-unauthorised"的相同域名。

已绑定域名 a581933.sn49.gzonet.net

操作 添加 删除

提交修改

图 10-11

在文本框中输入“www.gudaochaxiang.com”，并单击“添加”按钮，然后输入“gudaochaxiang.com”并单击“添加”按钮，最后单击“提交修改”按钮，完成域名的绑定操作（注意：若未注册域名，则需等到注册好域名后再进行该步骤的操作）。

至此，购买虚拟主机及绑定域名的操作已完成。

注意：不同的虚拟主机提供商，其购买虚拟主机的流程和虚拟主机管理面板是不同的，但最终目的是一样的，即购买虚拟主机，并做好域名绑定操作。

10.2.4 上传花公子蜂蜜网站源文件

虚拟主机购买好之后，用户就可以将本地数据库数据及网站的源文件上传到虚拟主机上了，具体操作步骤如下。

步骤 1：导出该网站数据库的 SQL 文件（可使用第三方工具实现），并使用 Sublime Text 或记事本等工具将其打开，然后查找“http://www.phpcms.com:8083/”并替换成真实访问地址，此处为“http://www.gudaochaxiang.com”。

步骤 2：打开项目目录“/caches/configs/”下的文件“system.php”，并进行如下操作。

将文件“system.php”中的“http://www.phpcms.com:8083”替换成“http://www.gudaochaxiang.com”。

步骤 3：打开项目目录“/caches/configs/”下的文件“database.php”，将键“hostname”的值更改为虚拟主机的 IP 地址；分别将键“database”、“username”和“password”的值更改为在虚拟主机所创建的数据库名、用户名和密码。

步骤 4：利用第三方工具（如 Navicat）或虚拟主机控制面板提供的 MySQL 数据管理工具（通常为 phpMyAdmin）创建相应数据库，并导入 SQL 文件，此时，网站数据库数据已被部署到远程 MySQL 服务器上。

步骤 5：利用 FTP 工具，将目录“/huagongzi/”下的所有文件上传至虚拟主机根目录下，此时，整个网站已被部署到远程服务器上，通过浏览器访问 http://www.gudaochaxiang.com 即可浏览花公子蜂业科技有限公司门户网站。

10.2.5 填报网站备案信息

下面以广州新一代数据中心为例介绍如何填报网站备案信息，详细的操作步骤如下。

步骤 1：登录广州新一代数据中心官方网站，并进入会员中心。

步骤 2：单击会员中心左侧的“网站备案栏目”按钮，进入网站备案页面，并根据实际情况在如图 10-12 所示的 3 种类型中进行选择。

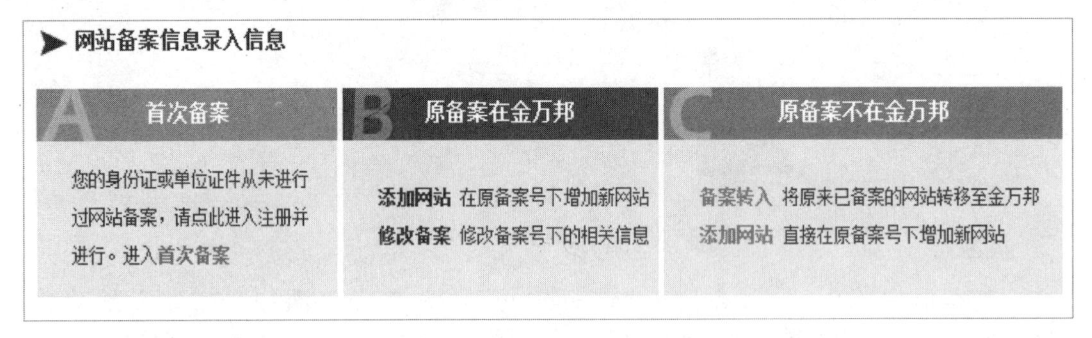

图 10-12

下面以“首次备案”为例进行操作，选择“首次备案”类型后，进入备案信息录入页面，该页面是按信息类别进行排版的，该页面篇幅较大，用户需按照类别从上到下进行填写。

（1）填写 ICP 备案主体信息，如图 10-13 所示。

ICP备案主体信息	
主办单位名称*	
主办单位性质*	企业 ▾ 注意：网站内容为企业网站不能使用个人性质来备案
主办单位有效证件类型*	工商营业执照号码 ▾
主办单位有效证件号码*	注意：企业网站主办单位有效证件号码**不能填个人身份证号** 组织机构代码证 8位数字字母-1位数字或1个字母，如0011231231-1。
主办单位有效证件住所*	
投资者或上级主管单位*	注意：1.没有上级主管单位请填写跟主办单位名称一样 2.不能包含工商局，卫生局。
主办单位所在省 / 市 / 县*	北京市 ▾ 市辖区 ▾ 东城区 ▾
主办单位详细通信地址*	北京市东城区 请精确填写到门牌号，填写完后请认真检查

图 10-13

（2）填写主办单位负责人基本情况，如图 10-14 所示。

主办单位负责人基本情况	
姓名*	
有效证件类型*	身份证
负责人有效证件号码*	身份证15位或18位，全部为数字或最后一位为X（x）。 台胞证10位
办公电话*	国家代码-区号-电话号码，如：086-010-82998299（国家代码和区号前的0请填写完整） 注意：主办单位性质为“个人”时可不填写
中国移动手机号码	* “移动手机号码”与“联通手机号码”至少要填写一项
手机号码特别提醒	请如实填写登记的联系人本人的手机号码，若手机号码填写非本人，视为备案信息虚假，将会注销备案号。
中国联通（或中国电信）手机号码	* “移动手机号码”与“联通手机号码”至少要填写一项 手机号码 必填 必须以130至139、150至159、180至189开头，11位数字组成。 若有两个不同的手机号码，建议移动、联通的号码都填写，以便备案核查。
电子邮箱*	

图 10-14

（3）填写主办单位相关证件上件的信息，如图 10-15 所示。

主办单位相关证件上传（只允许.jpg文件上传，大小在200KB以内）	
主办单位有效证件原件扫描件上传（**企业备案请上传营业执照带有年检页的副本扫描件**）*	浏览... 备 必须对应“主办单位有效证件号码”
主办单位负责人有效证件原件扫描件上传（身份证）*	正面： 浏览... 反面： 浏览... 备注： 必须对应“主办单位负责人 有效证件号码”
主办单位负责人法人授权书扫描件上传	浏览... 备 《法人授权书下载》
网站备案信息真实性核验单扫描件上传*	浏览... 备 《网站备案信息真实性核验单下载（企业模板）》（在最下方的网站负 《广东<网站备案信息真实性核验单>模板（个人网站）》（主办单位所
负责人现场拍照相片扫描件上传*	浏览... 备 《备案拍照背景JPG图下载》《备案拍照图范例PSD下载》

图 10-15

（4）填写网站信息，如图 10-16 所示。

网站名称*	网站名称不
网站首页网址*	不加http://，在域名列表中要存在，不能超过255个字符，需要加www，多
网站域名列表*	填写网站的主域名，不加www。每行一个域名。
网站语言类型* （请根据网站发布的内容实际选择）	☑中文简体 ☐中文繁体 ☐维吾尔语 ☐哈萨克语 ☐柯尔克孜语 ☐蒙古语 ☐藏语 ☐壮语 ☐朝鲜语 ☐彝文 ☐苗语 ☐英语 ☐日语 ☐法语 ☐俄罗斯语 ☐西班牙语 ☐阿拉伯语

图 10-16

注意：根据编者多年经验，若是企业网站备案，网站名称通常按“××××××公司门户网站”的形式填写。

（5）填写网站负责人基本情况，如图 10-17 所示。

网站负责人基本情况	
网站负责人姓名*	
网站负责人有效证件类型*	身份证
网站负责人有效证件号码*	身份证15位或18位，全部为数字或最后一位为X（x）。 台胞证10位
网站负责人有效证件原件扫描件上传(身份证)*	正面: 浏览... (800*800pix) 反面: 浏览... (800*800pix) 必须对应"网站负责人有效证件号码"
网站负责人办公电话*	国家代码-区号-电话号码，如：086-010-82998299 (国家代码和区号前的0请填写完整) 注意：主办单位性质为“个人”时可不填写
网站负责人中国移动手机号码	* “移动手机号码”与“联通手机号码”至少要填写一项
手机号码特别提醒	请如实填写登记的联系人本人的手机号码，若手机号码填写非本人，视为备案信息虚假，将会注销备案号。
网站负责人中国联通(或中国电信)手机号码	* “移动手机号码”与“联通手机号码”至少要填写一项
网站负责人电子邮箱*	
网站证件备注（上交管局）	
网站服务内容* (建议标准个人选择”其他”，并加上网站备注进行报备)	◎综合门户 ◎单位门户网站 ◎网络图片 ◎网站建设 ◎博客/个人空间 ◎其他
涉及需前置审批或专项审批的内容	□新闻 □出版 □教育 □医疗保健 □药品和医疗器械 □电子公告服务 □文化 □广播电影电视节目
网站接入信息	
网站接入方式*	◎专线 ◎主机托管 ◎虚拟主机(云主机)
IP地址列表*	不得出现0.0.0.0或192.168.1.X等明显不真实的IP地址 如有多个以换行分隔
网站备注	
网站备注	网站服务内容选“其他”时，必须填写网站服务内容具体是什么。

图 10-17

填写完以上信息后，若有信息未确定或未填写完整，则可以单击“保存为草稿”按钮，下次登录后继续填写；若已确认信息无误，则单击“完成 ICP 备案信息填写”按钮即可提交备案申请。

10.3 经验分享

（1）在网站测试环节中，通常按照网站栏目或功能模块，并融合本章 10.1.1 节所讲的测试内容进行逐项测试。

（2）在购买虚拟主机时，要清楚国内虚拟主机和国外虚拟主机的区别。

（3）在进行网站备案时，应严格按照要求准备材料，备案成功后需将备案号在网站的下方输出。

10.4 技能训练

（1）购买智网电子贸易有限公司门户网站的虚拟主机。

（2）注册智网电子贸易有限公司门户网站的域名。

（3）发布智网电子贸易有限公司门户网站。

任务 11　验收企业网站

知识目标

- 了解网站验收流程。
- 掌握网站验收报告的撰写方法。

技能目标

- 能够组织网站的验收工作。
- 能够根据项目的实际情况撰写网站验收报告。

任务描述

- 任务内容：组织用户对网站进行验收，并签署网站验收报告以结束网站设计开发工作。
- 参与人员：项目经理（需求分析人员）、网页设计师、网站程序员、用户。

11.1　知识准备

11.1.1　网站验收流程

网站设计开发完成后，将进入企业网站验收环节，通常按照如图 11-1 所示的步骤开展工作。

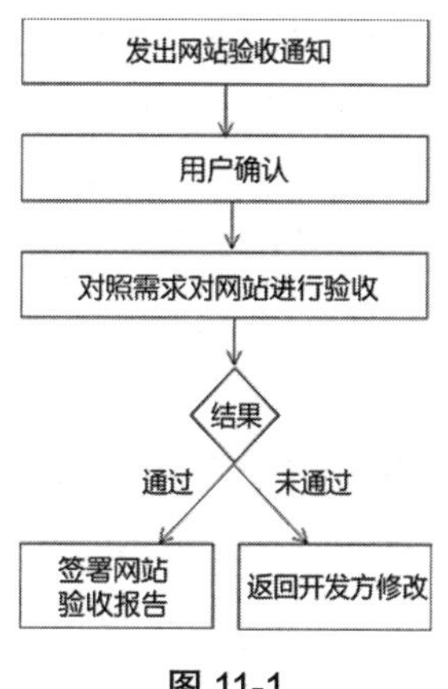

图 11-1

1. 发出网站验收通知

网站发布后，项目开发方告知用户网站开发完成，要求其对网站进行验收，在此阶段，项目开发方应准备好相关的验收事项，如验收报告、验收地点、时间等。

2. 用户确认

用户在收到通知后，通常会根据其工作安排，确认验收的时间、地点等。

3. 对照需求对网站进行验收

在验收时，用户通常会对照网站功能说明书逐条进行验收。若出现不符的情况，则验收结果为未通过，此时项目开发方应根据情况进行修改；若验收通过，则双方签署网站验收报告，网站验收报告的签署，意味着项目开发完成，用户则应根据网站建设合同支付网站建设的余款。

11.1.2 网站验收报告

在网站建设行业中，网站验收报告并没有固定的格式，不同的公司其网站验收报告的结构或写法也不一样，但网站验收报告的主要内容基本一致。下面提供两份网站验收报告供读者参考。

网站验收报告参考 1 如下。

网站验收报告

甲方（需求方）：

乙方（项目开发方）：

甲乙双方根据网站建设协议和网站功能说明书对网站进行验收，具体约定内容如下。

1．乙方承接甲方委托的网站建设工作，已于__年__月__日完成设计开发，经试运行合格，交付使用。

2．鉴于程序设计是一个较长的生命周期，乙方应给予甲方站点常规性修改、更新、小范围改动等免费维护及技术支持，工作量小于一个工作日的免费维护；乙方若对网站结构模块有较大改动，则将根据实际情况收取适当费用。

3．网站后台管理员账号、密码，次年起的续缴费用为元/年（____元）。

4．甲方所发布的信息不能涉及非法言论、反动宣传、虚假广告、赌博、贩毒、色情、恶意攻击、诽谤他人或有任何误导的成分，否则由此引起的一切后果由甲方自负，乙方不负任何连带责任。

5．乙方不得泄露所设计网站相关的安全信息，恶意人为、误操作不受此协议保护。

6．非人为不可抗拒力破坏，不受此协议保护。

第1条 验收标准

1．页面效果是否真实还原设定稿。

2．各链接是否准确有效。

3．文字内容是否正确（以用户提供的电子文档为准）。

4．功能模块运行是否正常。

5．版权、所有权是否明确。

6．开发文档是否齐全。

第2条 验收项目

1．通过域名能否正常浏览网站？□能□不能

2．网站内容栏目是否完整？（以双方签订合同中的服务项目为审核依据）□完整□不完整

3．网站内容中的以下部分是否有误。

文字：□没有 □有

链接：□没有 □有

图片：□没有 □有

4．□所开发的系统产品能否正常使用。

5．□各功能模块能否正常使用。

6．□ICP号是否备案。

7．□网站版权是否已归属甲方。

8．□域名所有权是否已归属甲方。

9．□网站是否可以进行二次修改。

10．□网站数据库是否有备份机制。

11．□网站信息管理员（后台操作）是否已培训。

12．□售后服务是否完善。

以上未列出项________________________________。

第3条：验收确认

经甲方验收审核，乙方制作的甲方网站（域名：____________________________）符合甲方要求，特此认可。本网站验收报告甲方代表人签字生效。

（甲方签章）：　　　　　　　　　　　　　　（乙方签章）：

年　　月　　日　　　　　　　　　　　　　　年　　月　　日

网站验收报告参考 2 如下。

网站验收报告

×××（甲方）与×××网络科技有限公司（乙方）签订了“网站建设服务合同”，委托乙方开发网站，下面就网站整体进行验收。

×年×月×日，网站中文版建设完成，此后进行了一系列的验收测试，经不断地查看及修改，双方一致认为本网站设计结构合理、界面美观、满足要求，同意正式交付用户使用，验收情况如下。

基本情况	
项目名称	
使用单位	
开发单位	
开发开始日期	
开发结束日期	
网站域名	

1．通过域名能否正常浏览网站？　□能　□不能

2．网站内容栏目是否完整？ □完整 □不完整

3．网站内容中的以下部分是否有误。

文字：□没有 □有

链接：□没有 □有

图片：□没有 □有

动画/视频：□没有 □有

4．所开发的系统产品能否正常使用？（未涉及的系统功能模块，请留空，不做选择）

留言反馈系统能否正常使用？□能 □不能

新闻发布系统能否正常使用？□能 □不能

文章管理系统能否正常使用？□能 □不能

在线联系系统能否正常使用？□能 □不能

在线招聘系统能否正常使用？□能 □不能

图片管理系统能否正常使用？□能 □不能

网站访问统计系统能否正常使用？□能 □不能

经审查，本项目已达到我司要求，特此验收！

（单位名称）

（签字盖章）

年　　月　　日

11.2 任务实施

11.2.1 验收材料准备

花公子蜂业科技有限公司门户网站建设项目已设计开发完成，在验收前需准备的材料如下。

（1）网站建设的协议（或合同）。

（2）网站功能说明书。

（3）网站版面确认单（如果有）。

11.2.2 撰写网站验收报告

根据网站建设的协议（或合同）、网站功能说明书等文档撰写网站验收报告。

11.2.3 确定验收时间和地点

经×××网络科技有限公司相关人员与花公子蜂业科技有限公司负责人沟通，网站验收时间确定为×年×月×日上午 10:00—12:00，地点在花公子蜂业科技有限公司会议室。

11.2.4 召开网站验收会议

按照双方约定如期召开了网站验收会议，会上×××网络科技有限公司相关人员对该网站项目进行了简要描述，然后与花公子蜂业科技有限公司负责人一起按照网站功能说明书逐条开展验证。在这个过程中，甲、乙双方均可发表意见。

11.2.5 签署网站验收报告

网站项目验收工作完成后，甲、乙双方签署网站验收报告，通常签署后的网站验收报告为一式二份，甲、乙双方各执一份。需要注意的是，网站验收报告上的署名应为需求方（即花公子蜂业科技有限公司）。网站验收报告的签订，意味着花公子蜂业科技有限公司门户网站建设项目设计完成。

11.3 经验分享

（1）在网站建设行业中，网站验收报告没有固定的格式，不同公司或企业，其网站验收报告的格式和内容结构也不一样。

（2）网站验收报告通常要描述项目基本情况和验收实际情况，并最后明确验收结论。

11.4 技能训练

根据智网电子贸易有限公司门户网站的实际情况，模拟召开网站验收会议，并撰写相关网站验收报告。

任务 12　维护企业网站

知识目标

- 了解网站维护的定义。
- 熟悉网站维护的内容。
- 了解网站维护的方式。
- 掌握网站维护报告的撰写方法。
- 了解网站维护协议的撰写方法。

技能目标

- 能够根据网站的实际情况对网站进行网络基础维护、网站安全维护和网站内容维护。
- 能够根据网站的维护情况撰写网站维护报告。

任务概述

- 任务内容：根据花公子蜂业科技有限公司门户网站的实际情况开展维护工作（包括网络基础维护、网站安全维护和网站内容维护），并撰写网站维护报告。
- 参与人员：网站维护人员。

12.1　知识准备

12.1.1　网站维护的定义

网站维护是指对网站的网络基础、网站安全、网站内容等进行日常管理与维护，保障网站持续正常运行。

12.1.2 网站维护的内容

网站维护的内容包括网络基础维护、网站安全维护和网站内容维护三个方面。

（1）网络基础维护。

网络基础维护通常包括域名服务、虚拟主机服务、网站监控、网站流量统计分析、技术支持服务等，其中，域名和虚拟主机服务是网站在 Internet 上运行的基础条件，若域名或虚拟主机出现问题，则会导致网站没办法正常访问；网站监控是指对网站的访问情况、网站内容等进行监视，如果发现网站访问不了或网页程序、网站内容、页面布局等遭到篡改或破坏，应及时处理；网站流量统计分析是 SEO 的重要工作之一，通常会引入第三方工具实现，如站长工具、百度统计等；技术支持服务主要由网站建设方提供，如程序修改、功能优化或开发等。

（2）网站安全维护。

网站安全维护包括数据（包括数据库）备份与恢复、黑客防范、网站漏洞检测、病毒查杀、网站紧急事务处理等，其中，数据备份是日常维护中的重要工作，它是指对整个网站的源程序以及网站数据库进行周期性的备份，当网站出现问题时，网站管理者可根据实际情况恢复到最近的网站数据；网站漏洞检测和病毒查杀主要是指对网站程序及运行环境进行扫描与检测，发现问题后及时解决以提高网站的安全性；网站紧急事务处理是指网站出现突发情况或事件时的事务处理工作。

（3）网站内容维护。

网站内容是网站的灵魂，更新网站内容不仅有利于网站 SEO，还有利于吸引访问者的访问，对于企业品牌的宣传、产品的营销等都具有重要的作用。网站内容维护通常包括发布、修改、删除网站内容等。

12.1.3 网站维护的方式

网站维护的方式大致可分为以下 3 种。

（1）招聘专业维护人员，包括网页设计人员、文字采编人员、美工、服务器维护专员等。该维护方式的特点是维护成本高、维护效率高、维护效果有保证。

（2）委托建站公司，用户可以委托建站公司维护自己的网站，这是常用的维护方式。该维护方式的特点是维护成本低、维护效果欠佳。

（3）委托专业网站维护公司，双方签订网站维护合同，对网站内容、网站版面、网站安全、数据备份等方面（具体的维护内容由双方约定）进行维护。该维护方式的特点是维护成本较低、维护效率高、维护效果有保证。

12.1.4 网站维护报告

网站维护报告主要用于描述网站的运维情况，网站维护方可将其存档备案，用户可利用该报告来了解网站运行情况。在网站建设行业中，若按照维护的时间周期来划分，网站维护报告可分为日维护报告、周维护报告、月维护报告和季维护报告，当然，不同的公司或不同的网站所采用的维护周期不一样，但无论采用哪种报告类型，该网站维护报告的主要内容都应清楚、明了地体现阶段性的网站运维情况。下面提供一份网站维护报告供读者参考。

网站维护报告		
报告类型	□日维护报告 □周维护报告 □月维护报告 □季维护报告	
网站信息	网站名称	
	网址	
	用户名称	
维护人员	××× ×××	
维护日期	年 月 日— 年 月 日	
维护项目	网站访问情况	□正常 □异常（访问缓慢等）
	域名解析情况	□正常 □异常（解析错误、恶意跳转等）
	虚拟主机运行情况	□正常 □异常
	网站内容情况	□正常 □异常（内容是否遭到篡改等）
	网页布局情况	□正常 □异常（是否遭到篡改或恶意改变等）
	网页程序	□正常 □异常（是否被植入恶意程序代码等）
	网站源代码备份与恢复	□备份 □恢复（恢复的源代码备份号）
	网站数据库备份与恢复	□备份 □恢复（恢复的数据库备份号）
	网站漏洞检测	□已检测 □未检测
	病毒查杀	□已查杀 □未查杀
	网站内容更新及维护情况	□无 □有（请详细描述）
	网站程序更改	□无 □有（请详细描述）
	其他维护项目	□无 □有（请详细描述）
其他说明	（若有则详细填写）	
维护人员签名		
部门主管签名		

12.1.5 网站维护协议

在网站的维护过程中，通常通过签订协议或合同来明确双方的权利、责任与义务。下面以维护花公子蜂业科技有限公司门户网站为例，提供一份网站维护协议供读者参考。

网站维护协议

甲方名称：花公子蜂业科技有限公司（以下简称甲方）
联系电话：（略）
地址：（略）

乙方名称：×××网络科技有限公司（以下简称乙方）
联系电话：（略）
地址：（略）

甲、乙双方就甲方委托乙方维护网站一事进行友好协商，并一致同意签订本《网站维护协议》，内容如下。

第1条 协议目的

乙方代理甲方对甲方的网站进行全面的维护，保障甲方的网站正常运行。

第2条 甲方网站情况

1. 网站的名称：花公子蜂蜜。
2. 网址：http://www.×××.com。
3. 网站开发语言及框架：PHP、PHPCMS。
4. 网站数据库类型：MySQL。
5. 域名：.com 类域名（×××.com）。
6. 虚拟主机：国内虚拟主机，Linux 平台，网站空间为 200MB，同时在线数为 200 人。

第3条 维护内容

1. 乙方协助甲方维护网站内容（内容由甲方提供）。
2. 乙方向甲方提供网站运营维护服务。

第4条 甲方的责任和义务

1. 本协议签订后，甲方应一次性向乙方支付费用总额。
2. 每次需要进行网站维护时，甲方应提前将要更新的资料或维护项目以电子邮件、移动硬盘或U盘的方式交给乙方，并明确、清晰地指明需要更新的内容或维护项目。
3. 甲方自正式签订本协议之日起，需将网站详细资料提供给乙方（包括 FTP 登录用户名及密码）。
4. 甲方发现网站不能正常使用时，应及时通知乙方。

第5条 乙方的责任和义务

1. 乙方在未经甲方许可下，不可更改甲方网站原页面风格和模板。
2. 乙方在收到甲方更新资料或维护项目要求后，应在3个工作日内完成该项工作，如果更新或维护工作量较大，则甲、乙双方协商完成时间。
3. 乙方在发现网站不能正常使用时，应及时告知甲方并查找原因，尽快使网站恢复正常。
4. 乙方应做好保密工作，未经甲方许可，乙方不得复制网站的任何源程序。

第6条 免责条件

1. 因电信部门检修等原因造成的服务中断，双方互不承担责任。
2. 因国家政策法规调整、自然灾害等不可抗拒力造成的服务中断，双方互不承担责任。

第7条 协议期限

1. 本协议期限为____年___月__日—____年___月__日。

2．协议期满，本协议自然终止，如果甲方需要继续委托乙方进行网站维护，应提前 5 个工作日与乙方协商。

第 8 条 费用及付款方式

1．协议金额总计________________元整。

2．乙方银行开户信息：（略）。

第 9 条 其他

本协议未尽事宜，经双方共同协商后可作为本协议的附件，与本协议具有同等法律效应。本协议自甲、乙双方签字之日起生效，协议一式两份，乙方执一份，甲方执一份。

甲方（印章）：花公子蜂业科技有限公司　　乙方（印章）：×××网络科技有限公司

代表（签名）：　　代表（签名）：

签订日期：　　年　　月　　日　　签订日期：　　年　　月　　日

12.2 任务实施

12.2.1 维护花公子蜂业科技有限公司门户网站

1. 网站访问情况

在 Internet 连接正常的情况下，通过浏览器访问花公子蜂业科技有限公司门户网站，判断网站是否能够正常打开，是否出现网页打开速度缓慢的情况，如果有，则做好记录，并进一步使用 ping 等网络命令检测网络情况。

2. 域名解析情况

当访问花公子蜂业科技有限公司门户网站失败时，登录域名提供商的“域名、DNS 控制面板”，查看域名解析是否正确，域名服务器是否运行正常。

3. 虚拟主机运行情况

当访问花公子蜂业科技有限公司门户网站失败时，登录虚拟主机提供商的“主机控制面板”，查看域名绑定是否正确，虚拟主机及数据库运行是否正常。

4. 网站内容情况

查看花公子蜂业科技有限公司门户网站各个栏目上的内容是否存在异常或被篡改的情况，若存在，则详细记录该内容。

5. 网页布局情况

查看网页布局是否被恶意更改或出现兼容性问题，如果有，则详细记录该情况。

6. 网页程序

逐个检查花公子蜂业科技有限公司门户网站程序代码，查看是否存在恶意代码或异常代码块，如果有，则详细记录该情况。

7. 网站源代码备份与恢复

使用 FTP 工具登录虚拟主机对网站进行备份，如果在必须恢复网站源代码的情况下，则使用最近备份的花公子蜂业科技有限公司门户网站源代码进行恢复即可。

8. 网站数据库备份与恢复

使用数据库管理工具备份花公子蜂业科技有限公司门户网站的数据库，如果在必须恢复数据库的情况下，则使用最近备份的数据库恢复即可。

9. 网站漏洞检测

使用站长工具的网站安全检测、Acunetix、360 网站安全检测等平台或工具对花公子蜂业科技有限公司门户网站进行检测，如果发现有漏洞，则详细记录，并寻求解决方案。

10. 病毒查杀

使用杀毒软件对花公子蜂业科技有限公司门户网站进行病毒查杀，如果网站存在病毒，则及时处理。

11. 网站内容更新及维护情况

根据花公子蜂业科技有限公司提供的网站内容或维护要求开展相关工作，并做好详细记录。

12. 网站程序更改

若花公子蜂业科技有限公司门户网站有程序更改要求，则及时与该公司负责人协商网站程序更改事宜。

13. 其他维护项目

若有其他维护项目，则认真做好记录。

12.2.2 撰写网站维护报告

根据网站维护情况撰写网站维护报告，此处不再提供，读者可根据 12.1.4 节提供的网站维护报告自行撰写。

12.3　经验分享

（1）目前，网站建设完成后，建站公司通常会免费提供一年的网站维护服务，其中包括域名服务和虚拟主机服务。

（2）网站建设完成后，建站公司并不会把网站源程序发给用户，只是按用户的需求提供网站服务，当网站服务到期后，用户需向建站公司续费，否则建站公司将会关闭该网站。

（3）网站建设完成后，用户若需要委托第三方维护网站，建议首选建站公司，这样便于双方的沟通，另外，建站公司为了保护其知识产权，网站源程序是放置在建站公司的服务器或虚拟主机上的，很少会发给其他人，除非在签订网站建设合同时有相应的约定，当然费用也会比正常的要高许多。

12.4　技能训练

根据智网电子贸易有限公司门户网站的实际情况，制订网站维护计划并撰写网站维护报告。

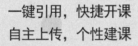